华章图书

一本打开的书，一扇开启的门，

通向科学殿堂的阶梯，托起一流人才的基石。

PRINCIPLES AND PRACTICES OF IPFS

IPFS原理与实践

董天一 戴嘉乐 黄禹铭◎著

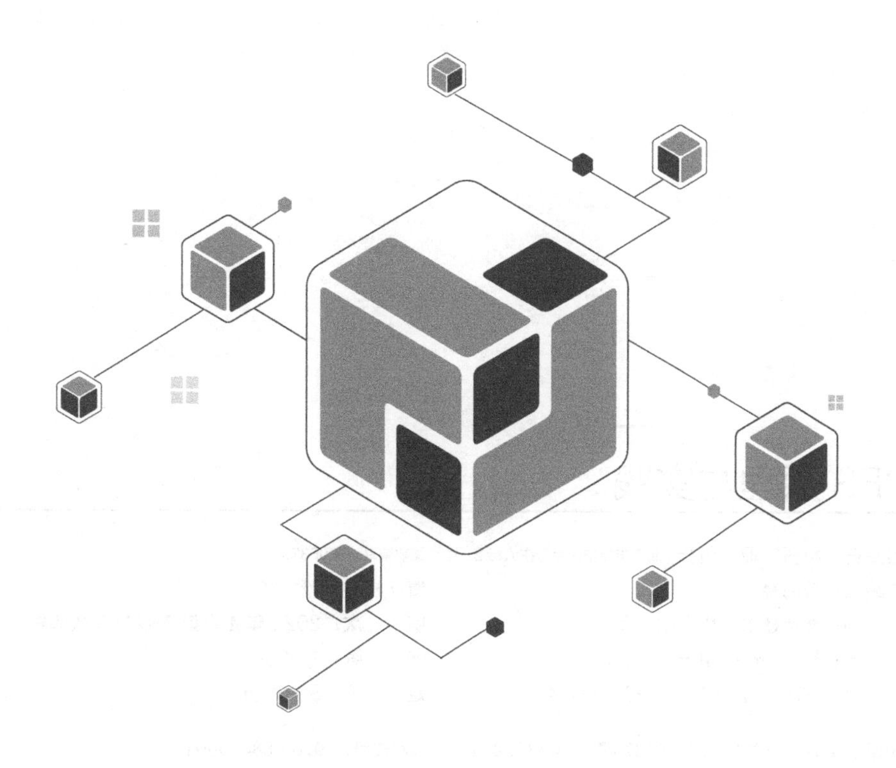

机械工业出版社
China Machine Press

图书在版编目（CIP）数据

IPFS 原理与实践 / 董天一，戴嘉乐，黄禹铭著．—北京：机械工业出版社，2019.5（2021.4 重印）

ISBN 978-7-111-62880-4

I. I… II. ① 董… ② 戴… ③ 黄… III. 分布式数据处理 IV. TP274

中国版本图书馆 CIP 数据核字（2019）第 111430 号

IPFS 原理与实践

出版发行：机械工业出版社（北京市西城区百万庄大街 22 号 邮政编码：100037）

责任编辑：孙海亮　　责任校对：殷　虹

印　　刷：北京建宏印刷有限公司　　版　　次：2021 年 4 月第 1 版第 6 次印刷

开　　本：186mm×240mm 1/16　　印　　张：16.25

书　　号：ISBN 978-7-111-62880-4　　定　　价：89.00 元

客服电话：（010）88361066 88379833 68326294　　投稿热线：（010）88379604

华章网站：www.hzbook.com　　读者信箱：hzit@hzbook.com

Foreword 推 荐 序

Computing and the internet have transformed humanity. We live in an extraordinary time -- computers have amplified our capabilities and the internet has connected our species together. Software applications grant us all superpowers that our ancestors would have considered magical: we can access and search all information in seconds; we can talk face-to-face with anybody around the planet; we can broadcast our messages and speeches to everyone world-wide; and we have enhanced our minds with external computing and information storage. We have tremendous, awe-inspiring capabilities.

The properties of the internet determine our capabilities. All of these powers hinge on the properties of the internet -- if the internet breaks down, or is insecure, then so are our applications and our capabilities. We must ensure that the super-powers we have acquired continue to work, as our lives now depend on them. Most human coordination and collaboration happens over the internet-from our personal chats, to work emails, to industrial and cross-organization communication. Even hospitals, emergency services, and other systems rely on the internet. Our lives depend on how well the internet works! We must endeavor to make the internet more secure, efficient, resilient, and robust.

IPFS is upgrading the internet. We built IPFS, the InterPlanetary File System, to achieve this. IPFS is a hypermedia protocol that upgrades how we address and distribute content -- its key component is to replace Location Addressing (URLs) with Content Addressing (CID URIs). In the last few years, IPFS has created a powerful and robust application distribution platform, that millions of people benefit from world-wide. There are hundreds of thousands of computers running IPFS nodes today, distributing information and applications, and this number is growing quickly! There are encyclopedias, chat systems, marketplaces, video distribution platforms, knowledge management systems, package managers, developer tools, games, VR environments, and more. As more developers choose to develop applications or content with IPFS, more millions of people benefit world-wide. Are you going to help us upgrade the internet?

Filocoin will upgrade data storage and distribution. The next stage is to make a decentralized storage network, a public, internet-wide utility that helps us store and distribute our data efficiently, robustly, and cheaply. The goal of Filecoin is to build such a storage market, where storage providers (miners) can sell storage space over time, and clients can buy storage that is more efficient, more robust, and lower cost. This is achieved with the use of a blockchain, a token to mediate the value exchange and incent participation, smart contracts to mediate transactions, and more. Using the power of verifiable markets and game theory, we aim to make the world's largest, most resilient, and lowest cost storage network. At the time of this writing, Filecoin is under fast-paced development and headed towards its testnet and mainnet launches. This and the next few years are a great time to get involved! We are shaping the future of data storage and distribution, and you can help us make it even better.

I invite you to join this computing revolution! You can get involved by using applications powered with IPFS, or by building them yourself today. You can learn about Filecoin and join the community developing Filecoin and applications on top of it, or you can become a miner and sell storage to the network. You can build lower level applications on top of libp2p, and you can model content and its distribution with IPLD. You can use these technologies, and you can help build them.

This book is a great guide for you. Learning about all these technologies at once can be very confusing. I am thrilled that the authors have written this book, so it can guide you step by step. Though I have only been able to review a machine-translated version -- I found this to be an excellent and thorough guide for both new people just getting started, and experienced IPFS developers who want to understand the internals. It is a solid introduction and guide to IPFS, Filecoin, and all the related protocols. It contains a good overview of the systems and how they work. You will learn how our protocols use multihash, multiaddr, and other multiformats to be self-describing and future-proof. You will learn how libp2p connects computers together across a variety of transports, and makes it easy to build p2p protocols. You will learn how to model data with IPLD and content-address it with CIDs. You will learn how IPFS plugs all these protocols together into a decentralized web protocol, and how to use it to build applications. You will learn about the Filecoin protocol and how it will work. You will learn how all of these protocols work together to store, address, and move information. This book is a comprehensive and thorough guide -- I hope it serves you well! Though note an important warning: like all technology books, this is likely to become outdated as the systems continue to develop. Be sure to check online versions of the book, and the projects'documentation websites. The concepts will remain the same -- and for that, this book will hopefully serve you well for a long time -- but the technical details will surely evolve, and you will want to check up-to-date documentation.

I hope you enjoy this book. I am very grateful to the authors for writing this book: your work will help so many others!

Juan Benet

IPFS 和 Filecoin 创始人

协议实验室创始人

赞　誉 *Praise*

IPFS 的开发团队可能聚集了一批极具创新性和严谨态度的科学家与密码学家，为 Filecoin 项目设计的 PoRep 及 PoST 证明非常精妙。PPIO 在设计证明算法的时候也借鉴了 Filecoin。阅读完本书，让我对 PPIO 存储和分发的技术设计有了新的思考，相信站在巨人的肩膀上我们能走得更远！

——王闻宇，PPIO CTO、原 PPTV 首席架构师

Understanding the vision of IPFS as a new internet protocol is something everyone should start to take notice. IPFS is unlocking some of the amazing powers of P2P technology. As the days of HTTP are slowly fading away, IPFS is paving the way for a faster, safer and more open internet. The fundamentals of IPFS are the first essential steps to gaining knowledge and exploring the many possibilities that can be achieved. This book teaches you exactly that and is a must read for anyone wanting an introduction to IPFS. RTrade Technologies shares the same vision as IPFS and is committed to making IPFS easy helping drive adoption. Our Temporal platform was built for exactly this reason as we help enterprises migrate over quickly and safely to Web 3.0 architectures. Taking advantage of all the benifits IPFS has to offer at the click of a button.

（作为一种新的互联网协议愿景，学习和理解 IPFS 是每个人都应该注意的事情。IPFS 正在不同领域释放 P2P 技术的力量，随着 HTTP 时代的慢慢消逝，

IPFS 正在为更快、更安全、更开放的互联网铺平道路。在此之前，我们首先需要了解更多的知识，以掌握和熟悉 IPFS 的基本原理。这本书恰好能帮助你入门，这是一本入门者必须阅读的 IPFS 相关书籍。Rtrade Technologies 与 IPFS 有着相同的愿景，并与本书初衷一样，致力于使 IPFS 更容易被采用。我们的 Temporal 平台正是基于这个原因构建的，我们可以帮助企业快速安全地迁移到 Web3.0 体系结构，并可以一键享用大部分与 IPFS 相关的线上服务。）

——Derrick Foote，RTrade 技术有限公司创始人兼 CEO

2018 年，Distributed Storage in Blockchain（区块链存储）进入 Gartner 技术成熟期。IPFS Filecoin 是当下区块链存储最耀眼的明星，对 IPFS 或 Filecoin 的研究和布道为软件定义开辟了一个截然不同的分支。我所欣赏和尊重的本书的三位作者，为 IPFS 在中国的普及做出了卓越的贡献。本书堪称“区块链存储第一书”。

——叶毓睿，《软件定义存储：原理、实践与生态》作者，

《VMware 软件定义存储》译者

《IPFS 原理与实战》是第一本详尽介绍 IPFS（InterPlanetary File System）技术的书籍。IPFS 技术的目的是取代现在的 HTTP 协议以构建更好的网络。本书从基础、原理到实战，由浅入深地介绍了 IPFS 技术。原理部分分别介绍了底层协议、技术封层、模块解析及存储技术；实战部分又分为两个部分，一部分介绍了 IPFS 环境的搭建，另一部分用 2 个例子（基于 IPFS 的 git 系统和流媒体播放器系统）来详解 IPFS 的应用。本书对于了解下一代网络技术来说是一本不可多得的好书。值得拥有！

——姜信宝，HiBlock 区块链社区发起人，

《深入以太坊智能合约开发》作者

近年来，我曾与本书其中的两位作者董天一、戴嘉乐老师一直在寻找一个良好的形式，力图将以 IPFS 为核心的分布式互联网技术推广给更多爱好者，我们与协议实验室共同搭建了 ProtoSchool 平台，这是一个通过在线教程与各

地线下培训来分享分布式 Web 协议技术的教育社区。本书正是我们共同目标努力的结晶，这也为 ProtoSchool 补充了更为全面和专业的学习素材。

——Kevin Wong, ProtoSchool 香港 / 深圳负责人，

网格科技创始人兼 CEO

IPFS 是构建下一代互联网的基础，而 Filecoin 将使区块链应用落地迈向一个新的阶段，本书是国内第一本针对 IPFS 和 Filecoin 体系化讲解的书籍，非常荣幸能成为本书的首批读者。阅读完本书，让我坚定了信心，我要深耕 IPFS 和 Filecoin 生态服务，为 Web3.0 的构建贡献力量，实现人类数据永存的目标。

——李彦东，星际大陆 CEO

Preface 前　言

缘起

我们在2017年下半年至2018年上半年期间，牺牲了大量的业余时间，一直在做IPFS这门新兴技术的相关解读、线下MeetUp工作。我们在知乎专栏和微信公众号上建立的《IPFS指南》是中国第一个系统、全面地介绍这门技术的中文资料站。机械工业出版社华章公司的杨福川老师在第一时间找到我们，希望我们能够为国内开发人员写一本IPFS技术相关的图书，方便国人更好地理解并应用这门技术。于是，便有了你手中的这本书。

为什么要写这本书

IPFS这门技术诞生于2014年，由协议实验室（Protocol Labs）创建。但是，直到2017年年中才逐渐走入大众视野，因为其能与区块链完美结合，所以使得其成为近几年最火热的技术之一。然而，国内却没有与IPFS技术相关、利于国人阅读、知识体系结构相对系统全面的中文学习资料。因此，我联系了当时在这个领域钻研摸索最多的几位布道者和专家，一起撰写了这本书，希望能帮助国内IPFS技术爱好者更加快速地学习、掌握、应用这门技术。

IPFS这门技术还在不断演化中，它引导的是一场真正的网络协议革命，是一种全球化思维的碰撞，是一种突破传统的海量数据共享的模式。IPFS可能不是这场革命的导火索，但是我认为，它至少能带领大家去学习和认识这种思维，这是一件非常有意义的事情。

读者对象

本书适合有一定区块链常识和基础，有软件开发能力，但是不了解 IPFS，想学习 IPFS 的技术原理，并基于 IPFS 做相关开发工作的读者。主要包含以下人员：

- IPFS 技术爱好者；
- 网络协议技术爱好者；
- 分布式存储技术爱好者；
- 区块链技术爱好者；
- 区块链领域从业者；
- 开设相关课程的大专院校师生。

本书特色

首先，IPFS 是在区块链技术蓬勃发展的情况下得到广泛认可的，本书除了针对 IPFS 技术本身进行讲解以外，还增加了大量区块链相关知识作为铺垫和补充，包括单独设立第 5 章来重点介绍 IPFS 的激励层——Filecoin 区块链项目。

其次，本书不仅介绍了 IPFS 技术本身的细节，还加入了大量笔者在开发中总结的经验和技巧，并搭配了相关生态链中较新的软件开发工具和前沿的尖端技术。在技术深度和广度两个方面都兼顾得比较妥当，有明显的层次感。

再次，本书提供了大量的项目实例，这些项目实例能够帮助读者更好地理解 IPFS 技术和应对一些业务场景。

最后，本书是一本相对全面和系统地解读了 IPFS 和 Filecoin 技术的书籍，也是一本国内由相关领域中最早期的布道者、专家合力编写的中文权威书籍。

如何阅读本书

本书分为三大部分:

第1部分为基础篇，包括第1章。简单地介绍了IPFS的概念、优势和应用领域，旨在帮助读者了解一些基础背景知识，并从宏观层面来认识IPFS技术所具有的创新性。

第2部分为原理篇，包括第2～5章。从内部详细剖析IPFS的底层基础、协议栈构成，以及libp2p、Multi-Format、Filecoin等模块。

第3部分为实战篇，包括第6～8章。以工程化的方式，从基础至进阶，讲解了IPFS技术的实际使用，并通过讲解两个不同风格的项目案例，让读者了解不同语言实现的IPFS协议栈。

其中，第3部分以接近实战的实例来讲解工程应用，相比于前两部分更独立。如果你是一名资深用户，已经理解IPFS的相关基础知识和使用技巧，那么你可以跳过前两个部分，直接阅读第3部分。如果你是一名初学者，则务必从第1章的基础理论知识开始学习。

勘误和支持

由于作者的水平有限，加之IPFS等相关技术更新迭代快，书中难免会出现一些错误或者不准确的地方，恳请读者批评指正。为此，我们创建了存放本书相关资料和便于信息反馈的Github仓库https://github.com/daijiale/IPFS-and-Blockchain-Principles-and-Practice。如果大家在阅读本书的过程中遇到任何问题，可以通过上述渠道以Issue的形式反馈给我们，我们将在线上为读者提供解答。期待能够得到你们的真挚反馈。本书的相关源码和资料文件除了可以从华章网站[⊖]下载外，还可以从上述渠道下载。

⊖ 参见华章网站www.hzbook.com。——编辑注

致谢

首先要感谢协议实验室开创的这款具有划时代意义的新型网络协议。

其次要感谢机械工业出版社华章公司的杨福川、孙海亮、李良三位老师为本书顺利出版所付出的努力，没有他们的支持，本书无法如期顺利完成。

同时感谢知乎专栏《IPFS指南》及国内因IPFS技术自发组织而成的众多爱好者社区，他们对IPFS技术的执着和探索是我们创作的动力，在和他们的交流中我们发现了本书的价值和创作素材。

感谢我的合作者董天一前辈，他在计算机系统、软件工程、经济学基础、博弈论、区块链存储方面学识渊博，使我在与他合作著书的过程中不断进步。同时，董天一前辈对本书的审稿和校稿工作也做出了重要的贡献。

感谢我的另一位合作者黄禹铭，他在区块链学术领域积累丰厚，对本书的众多技术进行了详细的原理解读和分析，尤其是在第1章、第2章、第4章和第5章。

感谢新加坡国立大学Andrew Lim教授对本书的大力支持以及TangJing助理教授对我们技术上的指导。

谨以此书献给我最亲爱的家人，以及中国众多热爱IPFS和区块链技术的朋友们。

戴嘉乐

Contents 目　录

实战篇　应用 IPFS

第 8 章 IPFS 项目实战……220

基础篇 *Part*

认识 IPFS

Chapter 1 第1章

认识IPFS

欢迎大家来到第1章。在这一章里，我们首先将从宏观上介绍IPFS。在了解技术细节之前，我们先来回答如下问题：什么是IPFS？为什么我们需要IPFS？它与常规的区块链系统相比有什么异同？IPFS和Filecoin会给现在的区块链技术带来什么样的改变？相信读者读完这一章后，会对上述几个问题有自己的理解。

1.1 IPFS概述

早在2017年上半年，国内大部分投资人或开发者就已经接触到了IPFS和Filecoin项目。那么IPFS和Filecoin究竟是什么？IPFS与区块链到底是什么关系？其有什么优势，竟然会得到如此广泛的关注？其未来的应用前景到底如何？本节我们就来解答这几个问题。

1.1.1 IPFS的概念和定义

IPFS（InterPlanetary File System）是一个基于内容寻址的、分布式的、新

型超媒体传输协议。IPFS支持创建完全分布式的应用。它旨在使网络更快、更安全、更开放。IPFS是一个分布式文件系统，它的目标是将所有计算设备连接到同一个文件系统，从而成为一个全球统一的存储系统。某种意义上讲，这与Web最初的目标非常相似，但是它是利用BitTorrent协议进行Git数据对象的交换来达到这一个目的的。IPFS正在成为现在互联网的一个子系统。IPFS有一个更加宏伟而疯狂的目标：补充和完善现有的互联网，甚至最终取代它，从而成为新一代的互联网。这听起来有些不可思议，甚至有些疯狂，但的确是IPFS正在做的事情。图1-1所示为IPFS的官方介绍。

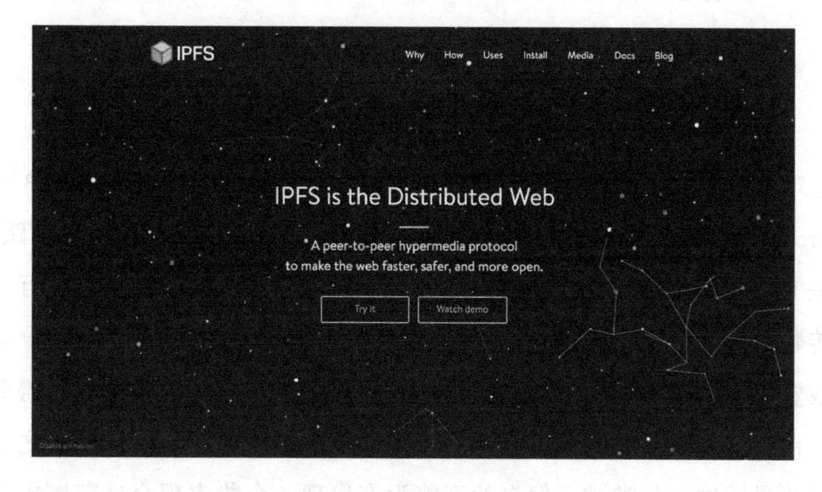

图1-1　IPFS官方介绍

IPFS项目通过整合已有的技术（BitTorrent、DHT、Git和SFS），创建一种点对点超媒体协议，试图打造一个更加快速、安全、开放的下一代互联网，实现互联网中永久可用、数据可以永久保存的全球文件存储系统。同时，该协议有内容寻址、版本化特性，尝试补充甚至最终取代伴随了我们20多年的超文本传输协议（即HTTP协议）。IPFS是一个协议，也是一个P2P网络，它类似于现在的BT网络，只是拥有更强大的功能，使得IPFS拥有可以取代HTTP的潜力。

Filecoin是运行在IPFS上的一个激励层，是一个基于区块链的分布式存储网络，它把云存储变为一个算法市场，代币（FIL）在这里起到了很重要的作用。代币是沟通资源（存储和检索）使用者（IPFS 用户）和资源的提供者（Filecoin 矿工）之间的中介桥梁，Filecoin 协议拥有两个交易市场——数据检索和数据存储，交易双方在市场里面提交自己的需求，达成交易。

IPFS 和 Filecoin 相互促进，共同成长，解决了互联网的数据存储和数据分发的问题，特别是对于无数的区块链项目，IPFS 和 Filecoin 将作为一个基础设施存在。这就是为什么我们看到越来越多的区块链项目采取了 IPFS 作为存储解决方案，因为它提供了更加便宜、安全、可快速集成的存储解决方案。

1.1.2 IPFS 的起源

全球化分布式存储网络并不是最近几年的新鲜品，其中最有名的 3 个就是 BitTorrent、Kazaa、和 Napster，至今这些系统在全世界依旧拥有上亿活跃用户。尤其是 BitTorrent 客户端，现在 BitTorrent 网络每天依然有超过 1000 万个节点在上传数据。(不少刚从高校毕业的朋友应该还记得在校内网 IPv6 上分享电影和游戏资源的情景）但令人遗憾的是，这些应用最初就是根据特定的需求来设计的，在这三者基础上灵活搭建更多的功能显然很难实现。虽然在此之前学术界和工业界做过一些尝试，但自始至终没有出现一个能实现全球范围内低延时并且完全去中心化的通用分布式文件系统。

之所以普及进展十分缓慢，一个原因可能是目前广泛使用的 HTTP 协议已经足够好用。截至目前，HTTP 是已经部署的分布式文件系统中最成功的案例。它和浏览器的组合是互联网数据传输和展示的最佳搭档。然而，互联网技术的进步从未停止，甚至一直在加速。随着互联网的规模越来越庞大，现有技术也越来越暴露出了诸多弊端，庞大的基础设施投资也让新技术的普及异常困难。

但我们说，技术都有其适用的范围，HTTP 也是如此。四大问题使得 HTTP 面临越来越艰巨的困难：

1）**极易受到攻击，防范攻击成本高。**随着Web服务变得越来越中心化，用户非常依赖于少数服务供应商。HTTP是一个脆弱的、高度中心化的、低效的、过度依赖于骨干网的协议，中心化的服务器极易成为攻击的目标。当前，为了维护服务器正常运转，服务商不得不使用各类昂贵的安防方案，防范攻击成本越来越高。这已经成为HTTP几乎无法克服的问题。

2）**数据存储成本高。**经过十多年互联网的飞速发展，互联网数据存储量每年呈现指数级增长。2011年全球数据总量已经达到0.7ZB（1ZB等于1万亿GB）；2015年，全球的数据总量为8.6ZB；2016年，这个数字是16.1ZB。到2025年，全球数据预计将增长至惊人的163ZB，相当于2016年所产生16.1ZB数据的10倍。如果我们预计存储4000GB（4TB）的数据，AWS简单存储服务（S3）的报价是对于第1个TB每GB收取0.03美金，对于接下来的49TB每GB收取0.0295美金的费用，那么每个月将花费118.5美金用于磁盘空间。数据量高速增长，但存储的价格依旧高昂，这就导致服务器－客户端架构在今后的成本将会面临严峻的挑战。

3）**数据的中心化带来泄露风险。**服务提供商们在为用户提供各类方便服务的同时，也存储了大量的用户隐私数据。这也意味着一旦数据中心产生大规模数据泄露，这将是一场数字核爆。对于个人而言，用户信息泄露，则用户账号面临被盗风险，个人隐私及财产安全难以保障；对于企业而言，信息泄露事件会导致其在公众中的威望和信任度下降，会直接使客户改变原有的选择倾向，可能会使企业失去一大批已有的或者潜在的客户。这并不是危言耸听，几乎每一年都会发生重大数据库泄露事件。2018年5月，推特被曝出现安全漏洞，泄露3.3亿用户密码；2017年11月，美国五角大楼意外泄露自2009年起收录的18亿条用户信息；2016年，LinkedIn超1.67亿个账户在黑市被公开销售；2015年，机锋网被曝泄露2300万用户信息。有兴趣的读者可以尝试在公开密码泄露数据库中查询，是否自己的常用信息或常用密码被泄露，但自己却毫不知情。

4）**大规模数据存储、传输和维护难。**现在逐步进入大数据时代，目前HTTP协议已无法满足新技术的发展要求。如何存储和分发PB级别的大数据、如何处理高清晰度的媒体流数据、如何对大规模数据进行修改和版本迭代、如何避免重要的文件被意外丢失等问题都是阻碍 HTTP 继续发展的大山。

IPFS 就是为解决上述问题而诞生的。它的优势如下：

1）**下载速度快**。如图 1-2 所示，HTTP 上的网站大多经历了中心化至分布式架构的变迁。与 HTTP 相比，IPFS 将中心化的传输方式变为分布式的多点传输。IPFS 使用了 BitTorrent 协议作为数据传输的方式，使得 IPFS 系统在数据传输速度上大幅度提高，并且能够节省约 60% 的网络带宽。

2）**优化全球存储**。IPFS 采用为数据块内容建立哈希去重的方式存储数据，数据的存储成本将会显著下降。

3）**更加安全**。与现有的中心化的云存储或者个人搭建存储服务相比，IPFS、Filecoin 的分布式特性与加密算法使得数据存储更加安全，甚至可以抵挡黑客攻击。

4）**数据的可持续保存**。当前的 Web 页面平均生命周期只有 100 天，每天会有大量的互联网数据被删除。互联网上的数据是人类文明的记录和展示，IPFS 提供了一种使互联网数据可以被可持续保存的存储方式，并且提供数据历史版本（Git）的回溯功能。

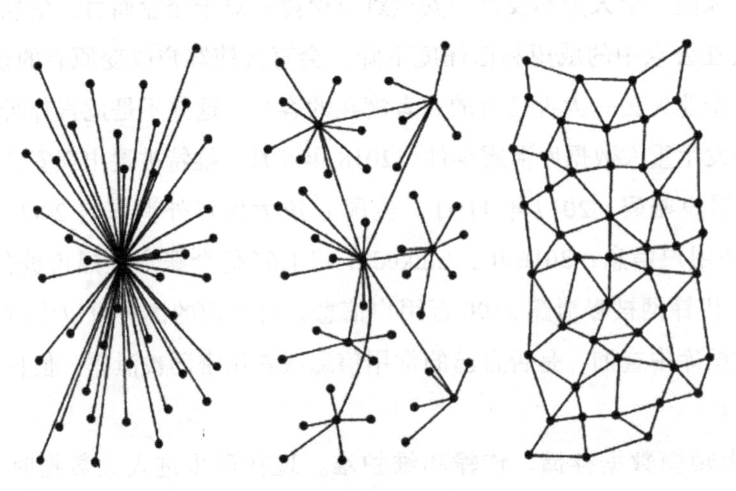

图 1-2 中心化 – 多中心化 – 分布式技术变迁图

上文我们提到IPFS技术积累已经有很多年了，它至少参考了4种技术的优点，并将它们整合在一起。这4种技术分别是分布式哈希表DHT、Kademlia、Git和自验证文件系统（Self-Certifying File System）。

第一种对IPFS有借鉴意义的技术是DHT，全称为分布式哈希表（Distributed Hash Table），是一种分布式存储方法。DHT的原理是：在不需要服务器的情况下，每一个客户端存储一小部分数据，并负责一定区域的检索，进而实现整个DHT网络的寻址和检索。新版BitComet允许同时连接DHT网络和Tracker，可以在无Tracker的情况下进行下载。

IPFS借鉴的第二种技术是Kademlia。在Kademlia网络中，所有信息均以哈希表条目的形式加以存储，这些信息被分散地存储在各个节点上，从而以全网构成一张巨大的分布式哈希表。可以形象地把这张哈希大表看成一本字典：只要知道了信息索引的key，便可以通过Kademlia协议来查询与其对应的value信息，而不管这个value信息究竟是存储在哪一个节点之上。正是这一特性确保了IPFS成为没有中心调度节点的分布式系统。IPFS还借鉴了BitTorrent网络。首先是消极上传者的惩罚措施，在BitTorrent的客户端上传数据会奖励积分，而长期不上传的消极节点会被扣分，如果分数低于一定限度，那么网络会拒绝再为他们提供服务；其次是文件可用性检查，BitTorrent优先把稀缺的文件分享出去，各个客户端之间相互补充，这样种子不容易失效，传输效率也提高了。针对BitTorrent我们不再详细展开，有感兴趣的读者可以查阅BitTorrent相关文档。

第三种对IPFS有重大影响的项目是Git。我们在进行大文件传输或修改的时候总会遇到存储或传输压力大的问题，而Git在版本迭代方面非常出色。Git存储时会把文件拆成若干个部分，并计算各个部分的哈希值，利用这些构建起与文件对应的有向无环图（DAG），DAG的根节点也就是该文件的哈希值。这样的好处十分明显：如果需要修改文件，那么只需要修改少数图中节点即可；需要分享文件，等价于分享这个图；需要传输全部的文件，按照图中的哈希值下载合并即可。

最后一种是具有自验证功能的分布式文件系统（Self-certifying File System，SFS），它将所有的文件保存在同一个目录下，所有的文件都可以在相对路径中找到，其 SFS 路径名是其原路径与公钥的哈希。聪明的读者会发现，这样的设计包含身份的隐式验证功能，这就是为什么 SFS 被称为自验证文件系统了。

1.2 IPFS 与区块链的关系

现在提到 IPFS 就一定会提到区块链。那么区块链和 IPFS 之间到底有什么关系呢？在介绍二者关系之前，我们需要先来了解一下区块链。

1.2.1 区块链基础

那么区块链又是什么呢？在最早期，区块链仅仅被认为是比特币的底层技术之一，是一种不可篡改的链式数据结构。经过几年的发展，区块链被越来越多的人熟知，它也从单纯的数据结构变成分布式账本的一系列技术的总称。它整合了加密、共识机制、点对点网络等技术。近些年，区块链的非账本类应用开始逐渐兴起，大家开始将区块链描述为分布式的数据库，认为它是价值传递网络，它逐渐被赋予了更多的内涵。

从技术方面来讲，区块链是一种分布式数据库，旨在维护各个互相不信任的节点中数据库的一致性，并且不可篡改。信用和记录会被保存到区块链上，每一个新的区块中存有上一个区块的数字指纹、该区块的信用和记录，以及生成新区块的时间戳。这样一来，区块链会持续增长，并且很难被篡改，一旦修改区块链上任意一个区块的信息，那么后续区块的数字指纹也就全部失效了。

链式数据结构使得区块链历史很难被篡改，而在各个互不信任的节点之间保持数据的一致性，则需要共识机制完成。共识机制是网络预先设定的规则，以此判断每一笔记录及每一个区块的真实性，只有那些判断为真的区块会被记录到区块链中；相反，不能通过共识机制的新区块会被网络抛弃，区块里记录的信息也就不再被网络认可。目前常见的共识机制包括 PoW（工作量证明）、PoS（权益证明）、PBFT（实用拜占庭容错）等。

比特币、以太币、比特币现金及大部分加密数字货币使用的是 PoW 工作量证明。维护比特币账本的节点被称为矿工，矿工每次在记录一个新区块的时候，会得到一定的比特币作为奖励。因此，矿工们会为自己的利益尽可能多地去争夺新的区块记账权力，并获得全网的认可。工作量证明要求新的区块哈希值必须拥有一定数量的前导 0。矿工们把交易信息不断地与一个新的随机数进行哈希运算，计算得到区块的哈希值。一旦这个哈希值拥有要求数目的前导 0，这个区块就是合法的，矿工会把它向全网广播确认。而其他的矿工收到这一新的区块，会检查这一区块的合法性，如果合法，新的区块会写入该矿工自己的账本中。这一结构如图 1-3 所示。

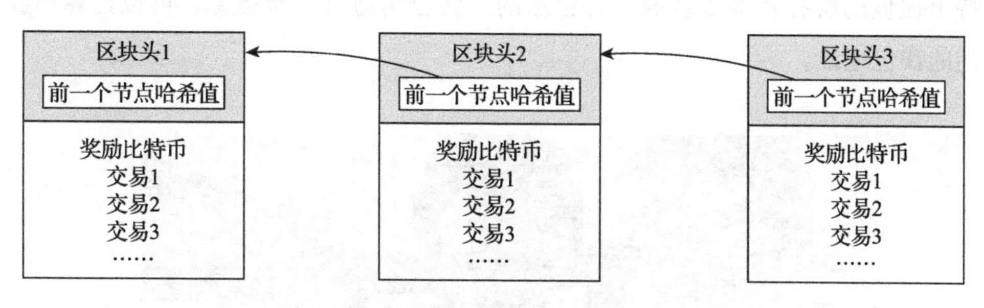

图 1-3 比特币的区块结构

与要求证明人执行一定量的计算工作不同，PoS 权益证明要求证明人提供一定数量加密货币的所有权即可。权益证明机制的运作方式是，当创造一个新区块时，矿工需要创建一个“币权”交易，交易会按照预先设定的比例把一些币发送给矿工。权益证明机制根据每个节点拥有代币的比例和时间，依据算法等比例降低节点的挖矿难度。这种共识机制可以加快共识，也因矿工不再继续竞争算力，网络能耗会大大降低。但也有专家指出，PoS 权益证明牺牲部分网络去中心化的程度。

目前，PoW 和 PoS 是加密数字货币的主流算法，其他几个常见的共识机制有 DPoS 和 PBFT，限于篇幅，这里不再进一步展开了。

1.2.2 区块链发展

1976 年是奠定区块链的密码学基础的一年，这一年 Whitfield Diffie 与 Martin Hellman（见图 1-4）首次提出 Diffie-Hellman 算法，并且证明了非对称加密是可行的。与对称算法不同，非对称算法会拥有两个密钥——公开密钥和私有密钥。公开密钥与私有密钥是一对，如果用公开密钥对数据进行加密，只有用对应的私有密钥才能解密；如果用私有密钥对数据进行加密，那么只有用对应的公开密钥才能解密。这是后来比特币加密算法的核心之一，我们使用比特币钱包生成私钥和地址时，通过椭圆曲线加密算法，生成一对公钥和私钥。有了私钥我们可以对一笔转账签名，而公钥则可以验证这一笔交易是由这个比特币钱包的所有者签名过的，是合法的。将公钥通过哈希运算，可以计算出我们的钱包地址。

图 1-4 右一为 Diffie，右二为 Hellman

1980 年，Martin Hellman 的学生 Merkle Ralf 提出了 Merkle Tree（默克尔树）数据结构和生成算法。默克尔树最早是要建立数字签名证书的公共目录，能够确保在点对点网络中传输的数据块是完整的，并且是没有被篡改的。我们前面提到，在比特币网络中，每一个区块都包含了交易信息的哈希值。这一哈希值并不是直接将交易顺序连接，然后计算它们的哈希，而是通过默克尔树生成的。默克尔树如图 1-5 所示。默克尔树生成算法会将每笔交易做一次哈希计算，然后两两将计算后的哈希值再做哈希，直到计算到默克尔根。而这个默克尔根就包含了全部的交易信息。这样，能大大节省钱包的空间占用。例如，在轻钱包中，我们只需下载与自己钱包对应的交易信息，需要验证的时候，只需找到一条从交易信息的叶节点到根节点的哈希路径即可，而不需要下载区块链的全部数据。在 IPFS 项目里，也借鉴了默克尔树的思想。数据分块存放在有向无环图中，如果数据被修改了，只需要修改对应默克尔有向无环图中的节点数据，而不需要向网络重新更新整个文件。值得一提的是，Merkle 在提出默克尔树时，分布式技术尚未成型，更别提数字货币了，而他在当时就能察觉并提出这样的方法，实在是令人赞叹。

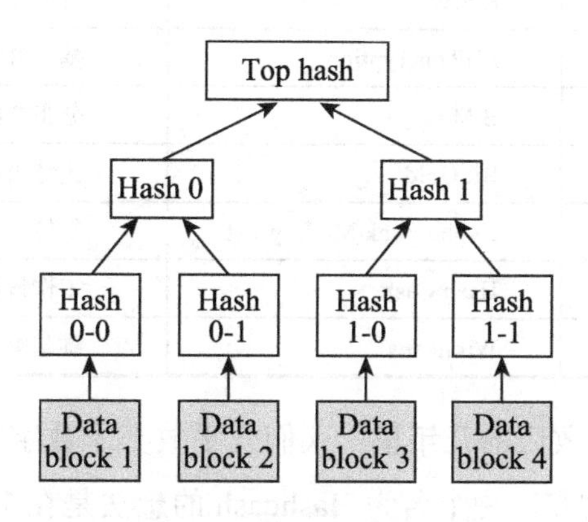

图 1-5　默克尔树结构

非对称加密算法和默克尔树数字结构是后续数字货币和区块链的理论基础。而真正将密码学用于数字货币的尝试，则晚了许多。数字货币兴起于 1990 年的数字朋克（CyberPunk）运动，它是由一批热爱网络的极客们推动的。数字朋克们大多是密码学的专家，对于个人隐私十分向往，希望建立一套独立于现实中的国家、等级制度以外的空间。其中最典型的代表是 David Chaum，他最早提出了盲签名技术，并将其应用到了 Digit Cash 项目（又名 Ecash）中。盲签名是一种保护隐私的签名方式，它的签名者对其签署的消息不可见。比如，用户需要签署一个转账信息，而这一信息需要银行签名，用户为了保护隐私，不希望银行看到其具体的转账对象，就可以使用盲签名。David 在他的论文中提出了用盲签名实现匿名货币的想法，具体方式是用户在本地计算机的 Ecash 程序中以数字格式存储现金，再交给银行进行盲签名。这套系统已经与当时的银行系统非常接近了，差一点获得了成功。但是 Digit Cash 始终需要中心化的银行服务器支持。在后续，没有一家银行愿意再支持他的项目，最终项目失败了。数字朋克运动中诞生的系统及关键人物如表 1-1 所示。

表 1-1 数字朋克运动中诞生的系统及关键的人物

数字朋克运动人物	系统名称	项目简介
Tim C May	Cypherpunk Mailing List	邮件中使用强密码保护隐私
David Chaum	Digit Cash	中心化清算的加密货币
Hal Finney	RPoW	可信硬件和工作量证明货币
Phil Zimmermann	PGP encryption	基于 RSA 的邮件加密协议
Wei Dai	B Money	分布式匿名电子现金
Nick Szabo	Bit Gold	比特币的原型
John Gilmore	Cypherpunk Mailing list	邮件中使用强密码保护隐私
Adam Back	Hash Cash	工作量证明
Julian Assange	Wikileaks	维基解密

在 Digit Cash 失败后的几年里，人们几乎放弃了数字现金的构想。仅有少数数字朋克继续着研究。一个名为 Hashcash 的想法是在 1997 年由当时同为数字朋克的博士后研究员 Adam Back 独立发明的。Hashcash 的想法很简单：它没有后门，也不需要中心第三方，它只使用哈希函数而不是数字签名。Hashcash 基于一个简单的原理：哈希函数在某些实际用途中表现为随机函数，这意味着找到哈希到特定输出的输入的唯一方法是尝试各种输入，直到产生期望的输出

为止。而且，为了找到这样一个符合条件的输入，唯一方法是再次逐个尝试对不同的输入进行哈希。所以，如果让你尝试找到一个输入，使得哈希值前10位是0，你将不得不尝试大量的输入，你每次尝试成功的机会是$(1/2)^{10}$。这就是工作量证明的早期来源，也是矿工们每天在重复做的事情。他甚至在技术设计上做了一些修改，使其看起来更像一种货币。但显然，他的方案不能检验节点是否作弊，不能作为真正的数字现金。

还有两位有杰出贡献的数字朋克——Hal Finney和Nick Szabo，他们经过重新考虑将技术整合了起来。Nick Szabo不仅是一位计算机科学家，同时精通法律。Szabo受到David Chaum的启发后，希望利用密码协议和安全机制，提出了数字合约的构想。数字合约能在网络上不依靠第三方协助而是利用程序来验证并执行合同，它与传统合同相比更安全，并且减少了烦琐沟通的成本。这对后续的加密数字货币设计有着极大的影响。比特币网络可以提供非图灵完备的脚本语言实现部分智能合约功能；以太坊则进一步在EVM上运行Solidity语言，提供了图灵完备的智能合约环境，这也为后续分布式应用开发奠定了基础。

Nick做出的贡献还不只是发明了智能合约，在2008年，他发起了Bit Gold项目。在项目计划书中，Nick阐述的Bit Gold架构与现在的比特币完全相同，同样是工作量证明机制，同样是链式网络结构，同样的新区块包含旧区块的数字指纹，包含时间戳等诸多特性。然而，最终Bit Gold项目还是没有顺利完成。目前，Bit Gold可查寻的源头只有在Bitcoin Talk论坛中的帖子，后续的可查证资料就很少了。有一些比特币爱好者们一度认为Szabo就是中本聪本人，不仅因为Bit Gold与Bitcoin的也相似之处令大家充满想象，甚至是在词法和句法上，中本聪的比特币论文与Bit Gold论文也有相似之处。而且Nick家不远的地方，有一位叫中本聪的日本人，大家猜测这是Nick为了掩人耳目而故意隐藏自己的身份。Nick本人对此表示否认，并觉得这是个很搞笑的八卦。当然这也成为数字货币里最大谜团，究竟中本聪是谁呢？

再之后，到了 2009 年，中本聪发表了比特币论文。他提出了一整套加密协议，而不仅仅是加密货币。比特币使用计算机程序控制货币的发行，发行总量 2100 万枚。比特币的账本记录在成千上万台计算机上，黑客无法入侵；每个账户都是加密地址，你不知道谁在花钱，但是每个比特币的流通都被记录，你知道它的来源和去向的地址。比特币是第一个达到上述全部思想的项目，整合了之前 30 多年的技术积累。

比特币在设计之时，考虑到网络的稳定性和抵御恶意攻击，它使用的是非图灵完备的脚本语言（主要不能使用循环语句）。2013 年，Vitalik Buterin 认为，比特币需要一种图灵完备的脚本语言来支持多样的应用开发。这个思路没有被比特币社区支持，于是 Buterin 考虑用更通用的脚本语言开发一个新的平台，这就是后来的以太坊。以太坊在大致思路上与比特币相似，在账户状态、UTXO、地址形式上进行了一些优化。其最大的亮点在于，开发了 Solidity 智能合约编程语言和以太坊虚拟机（EVM）这一以太坊智能合约的运行环境，用于按照预期运行相同的代码。正因为 EVM 和 Solidity，区块链的平台应用（DAPP）迅速兴起了。以太坊平台提出了许多新用途，包括那些不可能或不可行的用途，例如金融、物联网服务、供应链服务、电力采购和定价及博彩等。时至今日，基于 DAPP 的各类应用还在迅速发展，新的市场和需求在进一步被发现。后续区块链会如何发展，我们拭目以待。

1.2.3 IPFS 为区块链带来了什么改变

区块链的诞生本是为了做到去中心化，在没有中心机构的情况下达成共识，共同维护一个账本。它的设计动机并不是为了高效、低能耗，抑或是拥有可扩展性（如果追求高效、低能耗和扩展性，中心化程序可能是更好的选择）。IPFS 与区块链协同工作，能够补充区块链的两大缺陷：

- 区块链存储效率低，成本高。
- 跨链需要各个链之间协同配合，难以协调。

针对第1个问题，区块链网络要求全部的矿工维护同一个账本，需要每一个矿工留有一个账本的备份在本地。那么在区块链中存放的信息，为了保证其不可篡改，也需要在各个矿工手中留有一份备份，这样是非常不经济的。设想，现在全网有1万个矿工，即便我们希望在网络保存1MB信息，全网消耗的存储资源将是10GB。目前，也有折中的方案来缓解这一问题。在搭建去中心化应用DAPP时，大家广泛采取的方式是，仅在区块链中存放哈希值，将需要存储的信息存放在中心化数据库中。而这样，存储又成为去中心化应用中的一个短板，是网络中脆弱的一环。IPFS则提出了另一个解决方法：可以使用IPFS存储文件数据，并将唯一永久可用的IPFS地址放置到区块链事务中，而不必将数据本身放在区块链中。针对第2个问题，IPFS能协助各个不同的区块链网络传递信息和文件。比特币和以太坊区块结构不同，通过IPLD可以定义不同的分布式数据结构。这一功能目前还在开发中，目前的IPLD组件，已经实现了将以太坊智能合约代码通过IPFS存储，在以太坊交易中只需存储这个链接。

1.2.4　Filecoin：基于IPFS技术的区块链项目

在1.1节中我们介绍了IPFS的结构。Filecoin是IPFS的激励层。我们知道，IPFS网络要想稳定运行需要用户贡献他们的存储空间、网络带宽，如果没有恰当的奖励机制，那么巨大的资源开销很难维持网络持久运转。受到比特币网络的启发，将Filecoin作为IPFS的激励层就是一种解决方案了。对于用户，Filecoin能提高存取速度和效率，能带来去中心化等应用；对于矿工，贡献网络资源可以获得一笔不错的收益；而对于业务伙伴，例如数据中心，也能贡献他们的空闲计算资源用于获得一定的报酬。Filecoin会用于支付存储、检索和网络中的交易。与比特币类似，它的代币总量为20亿枚，其中70%会通过网络挖矿奖励贡献给矿工，15%为开发团队持有，10%给投资人，剩下5%为Filecoin基金会持有。投资人和矿工获得的代币按照区块发放，而基金会和开发团队的代币按照6年时间线性发放。由此可见，Filecoin与比特币挖矿机制完全不同。我们前面提到，为了避免攻击，比特币通过PoW工作量证明机制，要求矿工挖出下一个满足哈希值包含多个前导0的新区块。这个过程会需要大量的哈希运算。Filecoin使用的是复制证明（Proof of Replication，PoRep）。复制证明是矿工算力证明形成的主要方式，证明矿工在自己的物理存储设备上实际存储了数据，可以防止恶意矿工的各种攻击，网络中的验证节点会随机检查矿工是否在作弊。如果矿工不能提供正确的复制证明，那么它将被扣除一定的Filecoin作为惩罚。相比于PoW机制带来的算力竞争，PoRep显得环保的多。

1.3 IPFS的优势与价值

前文描述了IPFS大概的基础知识和与区块链的关系，这节我们详细介绍一下IPFS的优势和价值来源。

1.3.1 IPFS的优势

IPFS的优势在于其强大的技术积淀、精巧的架构设计及强大的开发者生态。

1. 技术优势

IPFS技术可以分为多层子协议栈，从上至下为身份层、网络层、路由层、交换层、对象层、文件层、命名层，每个协议栈各司其职，又互相协同。图1-6所示为IPFS协议栈的构成。接下来我们逐一进行解释。

（1）身份层和路由层

对等节点身份信息的生成以及路由规则是通过Kademlia协议生成制定的，该协议实质上是构建了一个分布式哈希表，简称DHT。每个加入这个DHT网络的节点都要生成自己的身份信息，然后才能通过这个身份信息去负责存储这个网络里的资源信息和其他成员的联系信息。

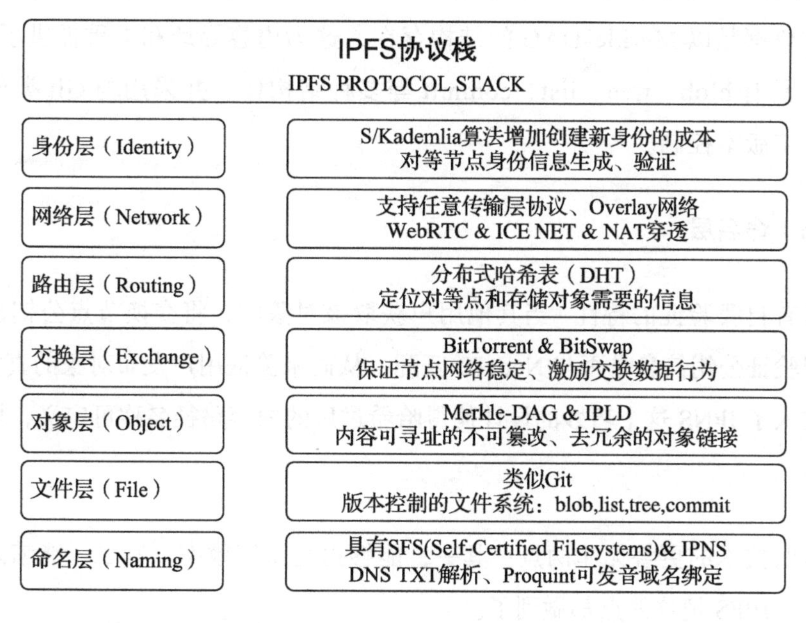

图1-6　IPFS协议栈

（2）网络层

比较核心，所使用的Libp2p可以支持主流传输层协议。NAT技术能让内网中的设备共用同一个外网IP，我们都体验过的家庭路由器就是这个原理。

（3）交换层

IPFS吸取了BitTorrent的技术，并在其之上进行了再创新，自研了BitSwap模块。使用BitSwap进行数据的分发和交换，用户上传分享数据会增加信用分，分享得越多信用分越高；用户下载数据会降低信用分，当信用分低于一定值时，将会被其他节点忽略。简单来讲就是，你乐于分享数据，其他节点也乐于发送数据给你，如果你不愿意分享，那么其他节点也不愿意给你数据。

（4）对象层和文件层

这两层适合结合起来看，它们管理了 IPFS 上 80% 的数据结构，大部分数据对象都是以 Merkle-DAG 的结构存在，这为内容寻址和去重提供了便利。文件层具有 blob、tree、list、commit 等多种结构体，并采用与 Git 类似的方式来支持版本控制。

（5）命名层

具有自我验证的特性（当其他用户获取该对象时，将交换节点公钥进行验签，即验证公钥信息是否与 NodeID 匹配，从而来验证用户发布对象的真实性），并且加入了 IPNS 这个巧妙的设计使得哈希过后的内容路径名称可定义，增强可阅读性。

新旧技术的更替无非两点：其一，能够提高系统效率；其二，能够降低系统成本。IPFS 把这两点都做到了。

图 1-7 是一个 IPFS 技术模块的和功能间的映射关系图，同时也是一个纵向数据流图。前文所描述的多层协议，每一层的实现都绑定在对应的模块下，非常直观。

协议实验室在开发 IPFS 时，采用了高度模块集成化的方式，像搭积木一样去开发整个项目。截至 2017 年，协议实验室主要精力集中在设计并实现 IPLD、LibP2P、Multiformats 等基础模块，这些模块服务于 IPFS 协议的底层。

Multiformats 是一系列散列函数和自描述方式（从值上就可以知道值是如何生成的）的集合，目前拥有多种主流的散列处理方式，用以加密和描述 NodeID 以及内容 ID 的生成。基于 Multiformats 用户可以很便捷地添加新的哈希算法，或者在不同的哈希算法之间迁移。

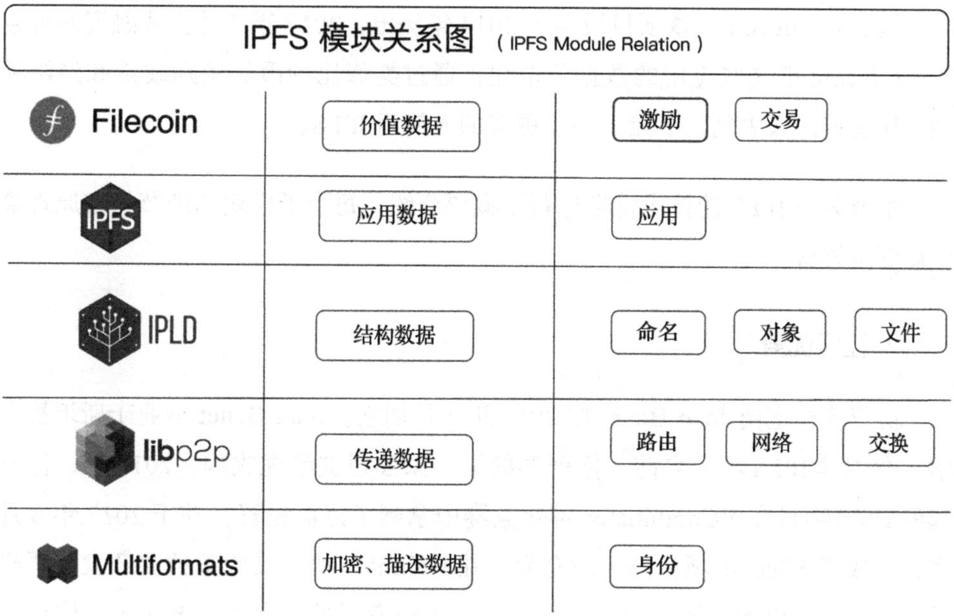

IPFS 模块关系图（IPFS Module Relation）

Filecoin	价值数据	激励　交易
IPFS	应用数据	应用
IPLD	结构数据	命名　对象　文件
libp2p	传递数据	路由　网络　交换
Multiformats	加密、描述数据	身份

图 1-7　IPFS 模块关系图

LibP2P 是 IPFS 模块体系内核心中的核心，用以适配各式各样的传输层协议以及连接众多复杂的网络设备，它可以帮助开发者迅速建立一个高效可用的 P2P 网络层，非常利于区块链的网络层搭建。这也是 IPFS 技术被众多区块链项目青睐的缘由。

IPLD 是一个转换中间件，将现有的异构数据结构统一成一种格式，方便不同系统之间的数据交换和互操作。当前，IPLD 已经支持了比特币、以太坊的区块数据。这也是 IPFS 受到区块链系统欢迎的另一个原因，IPLD 中间件可以把不同的区块结构统一成一个标准进行传输，为开发者提供了简单、易用、健壮的基础组件。

IPFS 将这几个模块集成为一种系统级的文件服务，以命令行（CLI）和 Web 服务的形式供大家使用。

最后是 Filecoin，该项目最早于 2014 年提出，2017 年 7 月正式融资对外宣传。Filecoin 把这些应用的数据价值化，通过类似比特币的激励政策和经济模型，让更多的人去创建节点，去让更多的人使用 IPFS。

本节只对 IPFS 的技术特性进行了概要介绍，每个子模块的细节将在原理篇中做深度详解。

2. 社区优势

协议实验室由 Juan Benet 在 2014 年 5 月创立。Juan Benet 毕业于斯坦福大学，在创建 IPFS 项目之前，他创办的第一家公司被雅虎收购。2015 年，他发起的 IPFS 项目在 YCombinator 孵化竞赛中拿到了巨额投资，并于 2017 年 8 月底，完成了 Filecoin 项目的全球众筹，在 Coinlist（协议实验室独立开发、严格遵从 SAFT 协议的融资平台）上共募集了 2.57 亿美金。如图 1-8 所示，协议实验室具有强大的投资者和开发者社区。

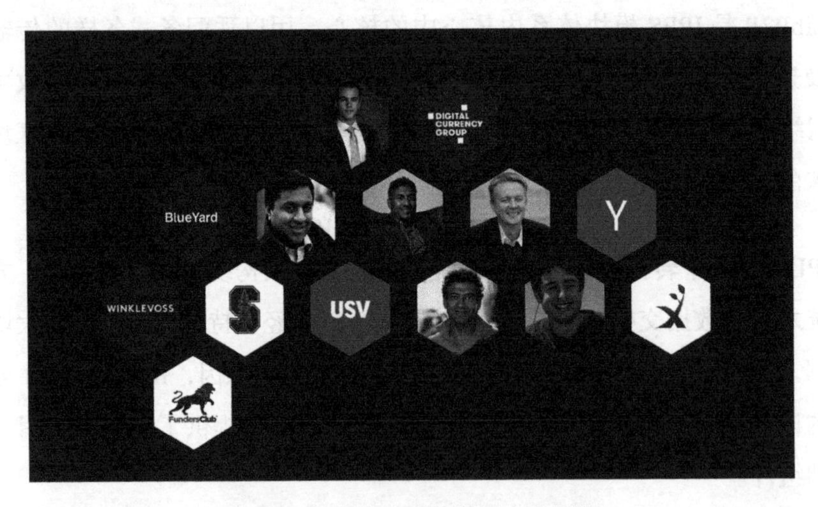

图 1-8 协议实验室的投资人和机构

IPFS 的社区由协议实验室团队维护，到目前为止，开发者社区已经拥有上百位代码贡献者和数十位核心开发人员，如图 1-9 所示。IPFS 目前已经发布了 30 余个版本迭代，开发进度一直保持良好。

图 1-9　IPFS 开发者社区

同时，协议实验室官方也授权了部分社区（IPFS Community）中的 Co-Organizer 牵头全球性的推广交流活动。目前，已在美国芝加哥、美国华盛顿、英国伦敦、印度德里、哥斯达黎加圣何塞、巴西圣保罗、西班牙巴塞罗那、加拿大蒙特利尔、德国柏林以及中国的北京、深圳、福州等数十个城市开展了社区自治的 Meetup 线下活动，拥有来自世界各地广泛的支持者。

1.3.2　Filecoin 与其他区块链存储技术的对比

当前，全球去中心存储区块链项目出现了包括 Filecoin、Sia、StorJ、Burst、Bluzelle 等一批优质的区块链项目，欲抢占存储市场制高点，如图 1-10 所示。它们都能够提供类似的去中心化存储功能，但在具体技术手段和应用场景上则略有差异。下面将重点阐述 IPFS 和 Filecoin 所构建的区块链存储体系与其他区块链项目的对比。

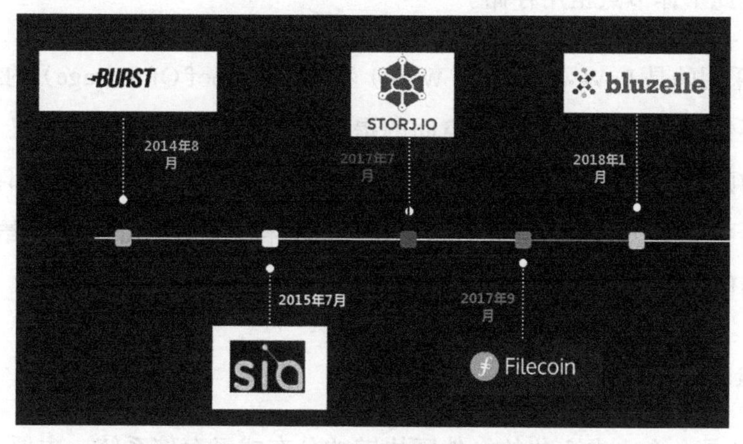

图 1-10　全球去中心存储区块链项目比

1.Burst

Burst 作为第一个使用容量证明（Proof-of-capacity）的项目，还是具有很大的进步意义的。该项目是 2014 年 8 月 10 日在 Bitcointalk 上发起的，发起人的账号是“Burstcoin”。一年后，创始人“Burstcoin”跟中本聪一样消失了。由于项目是开源的，2016 年 1 月 11 日，一些社区成员将这个开源项目重新激活，独立运营开发，并且在 Bitcointalk 上新开了一个专区板块来维护。

相较 Filecoin 所采用的复制证明和时空证明，Burst 使用的是一种叫作容量证明（Proof-of-capacity）的机制，即：挖矿的时候，利用矿机未使用的硬盘驱动器空间，而不是处理器和显卡。矿工可以提前生成的大量数据，这里数据被称为 plot，然后保存到硬盘。plot 的生成只需要计算一次，能耗方面表现得更加友好，且实现起来更为简单。

2. Sia

Sia 是一个 2015 年 7 月发布的去中心化的存储项目，通过运用加密技术、加密合约和冗余备份，Sia 能够使一群互不了解和互不信任的计算机节点联合起来，成为一种有统一运行逻辑和程序的云存储平台。其倾向于在 P2P 和企业级领域与现有存储解决方案进行竞争。Sia 不是从集中供应商处租用存储，而是从彼此个体节点租用存储。

Sia 采用的是 PoW（Proof Of Work）和 PoS（Proof Of Storage）的组合证明模式，要使用 Sia，在数据存储空间的提供者和租用者必须签订协议。租用者需要提前购置一笔代币，用以抵押至链上，如果满足了协议条款，那些代币就会支付给提供者。如果协议没有按照预期的那样完成，代币就会返给租用者。对于存储使用者而言，需要为文件的上传、下载和存储付费。

3. StorJ

StorJ 是一个去中心化的、伪区块链的分布式云存储系统，主要功能与中心化的 Dropbox、Onedrive 类似。StorJ 激励用户分享自己的剩余空间和流量，以获得奖励。因为其充分利用用户资源，所以成本极低，并且数据采用端对端加密的冗余存储，更加安全可靠。StorJ 已经与开源 FTP 文件传输项目 FileZilla 达成合作。

相较于 Filecoin，StorJ 代币为基于 ERC20 的以太坊众筹币种，没有区块链架构，采用按月支付结算的方式，在这种方式里租用者频繁地给托管主机付款，如果用户不见了或不在线，托管主机将得不到报酬。StorJ 更像一个被项目方撮合的共享存储经济体，不存在矿工挖矿产生区块的概念。

4. Bluzelle

Bluzelle 是一款快速的、低成本的、可扩展的、使用于全球 DApp 的去中心化数据库服务，填补了去中心化基础架构的一个关键空白。

软件通常处理两种类型的数据：文件和数据字段。以 IPFS 和 Filecoin 为基础的项目侧重于对大文件提供分布式的存储和分发解决方案，而 Bluzelle 想要打造的是将那些通常很小且大小固定，按照数组、集合等结构的数据字段进行结构化存储，以便于快速存储和检索。数据字段存储在数据库中可以实现最佳的安全性、性能和可扩展性，并提供创建、读取、更新和删除（CRUD）等基本功能，区别于类似 IPFS 和 Filecoin 这样的分布式文件存储服务。

综上对比，以 IPFS 和 Filecoin 所构建的区块链存储体系，同时从基础层和应用层对传统云存储模式进行了颠覆，因此决定了其应用的范围更加广阔，其对应的加密数字货币增长空间也更大。

1.4　IPFS 的应用领域

IPFS 的应用领域如图 1-11 所示。

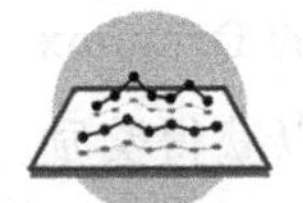

图 1-11 IPFS 应用领域

1. 建立长久信息档案

IPFS 提供了一个弱冗余的、高性能的集群化存储方案。仅仅通过现有的互联网模式来组织这个世界的信息是远远不够的，我们需要建立一个可以被世界长久记住、随着人类历史发展而一直存在的信息档案。

2. 降低存储、带宽成本

IPFS 提供了一个安全的点对点内容分发网络，如果你的公司业务需要分发大量的数据给用户，IPFS 可以帮你节约大量的带宽成本。在云计算时代，我们大部分的网络带宽和网络存储服务都由第三方服务平台来支持，例如 YouTube 这样的大型视频平台，需要支付高额的流量费用给 ISP（互联网服务提供商），而 YouTube 也将通过各种商业广告及收费会员的商业形式把这部分的成本转嫁到广大用户身上，整个流程体系的总成本是相当庞大的。为了激励人们参与 IPFS 协议，协议实验室团队借鉴了比特币的经济模型，设计了基于 IPFS 的区块链项目 Filecoin。Filecoin 将 IPFS 网络参与者分为两类：Storage Miner（为网络提供空闲的存储空间）和 Retriver（为网络中的节点提供带宽，帮助其他用户传输文件），通过这种共享模型充分利用闲置资源，降低了系统总成本，并为用户降低了使用成本。目前，将这个应用方向做得比较成功的项目叫 Dtube，它是一个搭建在 Steemit 上的去中心化视频播放平台，其用户上传的视频文件都经过IPFS协议进行存储，具有唯一标识。相较于传统视频网站，它降低了同资源冗余程度。

3. 与区块链完美结合

IPFS和区块链是完美的搭配，我们可以使用IPFS处理大量数据，并将不变的、永久的IPFS链接放置到区块链事务中，而不必将数据本身放在区块链中。毕竟，区块链的本质是分布式账本，本身的瓶颈之一就是账本的存储能力，目前大部分公链的最大问题是没法存储大量的数据在自己的链上。比特币至今全部的区块数据也才数百GB，以太坊这样可编程的区块链项目也只能执行和存储小段合约代码，DApp的发展受到了很大的制约。运用IPFS技术解决存储瓶颈是可行方案之一。

4. 为内容创作带来自由

IPFS为网络内容创作带来了自由和独立的精神，可以帮助用户以一种去中介化的方式交付内容。Akasha是一个典型的应用，它是一个基于以太坊和IPFS的社交博客创作平台，用户创作的博客内容通过一个IPFS网络进行发布，而非中心服务器。同时，将用户与以太坊钱包账户绑定，用户可以对优质内容进行ETH打赏，内容创作者能以此赚取ETH。它没有太多审查的限制，也没有中间商分利，内容收益直接归创作者所有。

1.5 本章小结

本章主要为读者构建IPFS大致的概念和框架，只涉及很少量的技术描述。我们知道了，IPFS是一种基于内容检索、去中心化、点对点的分布式文件系统 。IPFS项目通过整合已有的分布式存储方式和密码学的成果，力图实现互联网中高可用、数据可持续保存的全球存储系统。它整合了分布式哈希表、BitTorrent、Git和自验证文件系统4种技术的优点。使用DHT实现内容检索；

借鉴 BitTorrent，实行分块存储、分块传输和奖励机制；Git 中应用的默克尔 DAG 使得大文件分享、修改变得简单高效；而自验证文件系统确保了数据发布的真实性。我们还回顾了区块链的基本知识和重要研究历史，了解了区块链从加密算法到比特币和以太坊的历史进程。同时，我们指出了当前区块链和互联网难以解决的问题，以及 IPFS 在这二者中有可能会带来哪些改变。Filecoin 是 IPFS 的激励层，可激励矿工贡献出更多的网络资源和存储资源，矿工越多，IPFS 和 Filecoin 的网络越健壮、高速。我们还提到了 IPFS 的多层协议栈，从上至下为身份、网络、路由、交换、对象、文件、命名这几层协议，以及 IPLD、LibP2P、Multiformats 三个组件。同时介绍了 Filecoin 与 Burst、Storj 和 Sia 等区块链存储项目的区别。第 4 节里，主要介绍了应用领域的几个典型的例子，包括分布式社交创作平台 Akasha，基于 Steemit 的去中心化视频平台 Dtube，以及目前区块链与 IPFS 结合使用的方式。下一章我们将开始介绍 IPFS 的底层原理。

原理篇 *Part*

理解 IPFS

Chapter 2 第2章

IPFS底层基础

欢迎来到第2章。这一章的内容相对较多，也相对独立。你可以选择先阅读这一章，了解这几个基础性系统的设计思路和算法细节；或者暂时跳过这一章，直接去了解IPFS系统设计。在这一章中，我们会着重介绍IPFS的几个基础性的子系统和数据结构，包括DHT、BitTorrent、Git和自验证文件系统，以及Merkle结构。

2.1 分布式哈希表（DHT）

第1代P2P文件网络需要中央数据库协调，例如在2000年前后风靡一时的音乐文件分享系统Napster。在Napster中，使用一个中心服务器接收所有的查询，服务器会向客户端返回其所需要的数据地址列表。这样的设计容易导致单点失效，甚至导致整个网络瘫痪。在第2代分布式文件系统中，Gnutella使用消息洪泛方法（message flooding）来定位数据。查询消息会公布给全网所有的节点，直到找到这个信息，然后返回给查询者。当然，由于网络承载力有限，这种盲目的请求会导致网络快速耗尽，因此需要设置请求的生存时间以控制网络内请求的数量。但无论如何，这种方式所需的网络请求量非常大，很容易造成拥堵。到了第 3 代分布式文件系统中，DHT 的创新提供了新的解决方案。DHT（Distributed Hash Table）主要思想如下：全网维护一个巨大的文件索引哈希表，这个哈希表的条目形如 <Key, Value>。这里 Key 通常是文件的某个哈希算法下的哈希值（也可以是文件名或者文件内容描述），而 Value 则是存储文件的 IP 地址。查询时，仅需要提供 Key，就能从表中查询到存储节点的地址并返回给查询节点。当然，这个哈希表会被分割成小块，按照一定的算法和规则分布到全网各个节点上。每个节点仅需要维护一小块哈希表。这样，节点查询文件时，只要把查询报文路由到相应的节点即可。下面介绍 3 种 IPFS 引用过的有代表性的分区表类型，分别是 Kademlia DHT、Coral DHT 和 S/Kademlia。

2.1.1 Kademlia DHT

Kademlia DHT 是分布式哈希表的一种实现，它的发明人是 Petar Maymounkov 和 David Mazières。Kademlia DHT 拥有一些很好的特性，如下：

- 节点 ID 与关键字是同样的值域，都是使用 SHA-1 算法生成的 160 位摘要，这样大大简化了查询时的信息量，更便于查询。
- 可以使用 XOR，计算任意两个节点的距离或节点和关键字的距离。
- 查找一条请求路径的时候，每个节点的信息是完备的，只需要进行 Log(n) 量级次跳转。
- 可根据查询速度和存储量的需求调整每个节点需要维护的 DHT 大小。

KAD 网络对之前我们说的 DHT 有较大的改进，一个新来的网络节点在初次连接网络时会被分配一个 ID；每个节点自身维护一个路由表和一个 DHT，这个路由表保存网络中一部分节点的连接信息，DHT 用于存放文件信息；每个节点优先保存距离自己更近的节点信息，但一定确保距离在 $[2^{n,2}(n+1)-1]$ 的全部节点至少保存 k 个（k 是常数），我们称作 K-Bucket；每个网络节点需要优先存储与自己的 ID 距离较小的文件；每次检索时，计算查询文件的哈希值与自己的 ID 的距离，然后找到与这个距离对应的 K-Bucket，向 K-Bucket 中的节点查询，接受查询的节点也做同样的检查，如果发现自己存有这个数据，便将其返回给查询的节点。

下面我们详细说明一下 KAD 网络算法细节。

1. Kademlia 二叉状态树

Kademlia 网络的节点 ID 是由一棵二叉树维护的，最终生成的二叉树的特点如下：

- 每个网络节点从根节点出发，沿着它的最短唯一前缀到达。
- 每个网络节点是叶子节点。图 2-1 表示了二叉树的形成过程，例如这里黑色的节点 ID 拥有一个唯一的前缀 0011。对于任意的一个树的节点，我们可以沿着它的前缀作为路径，向下分解成一系列不包含自己的子树。Kademlia 二叉树的建立，需要确保每个网络的节点都能从树根沿着它的最短唯一前缀的路径到达。

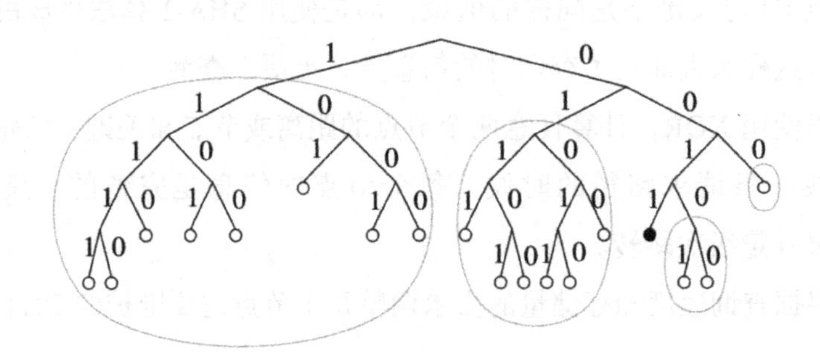

图 2-1　Kademlia ID 二叉树结构

下面我们介绍一下节点哈希是 0011….（一共 160 位）的子树划分方法。

现在我们的网络上有 18 个节点，如图 2-1 所示。从树根开始，树根的前缀是空。左子树和右子树的编号分别是 1 和 0。因为还存在其他 10 个节点都有共同的前缀 0，那么我们继续划分成 00 和 01 两棵子树，我们的目标节点（哈希值 0011…）显然属于 00 这棵子树。我们继续检查，发现还有 3 个节点是 00 前缀，那么继续划分子树 001、000。哈希位 00100…和 00101…两个节点与 0011 依旧是共有 001 前缀，所以 001 还不是最短唯一前缀，我们再继续划分子树，到 0011，那么不再有其他节点有相同的前缀，这条路径 0011 就是到树根最短的路径，同时 0011 是最短唯一前缀，0011 就成为它的网络 ID。

在 Kademlia 中，每个 DHT 条目包含 <key, value> 对。key 是文件的哈希值，value 是节点 ID。key 和 value 有相同的值域，都是 160 位。每一个新加入网络的计算机都会被随机分配一个节点 ID 值。数据存放在 key 值与 ID 值最接近 key 值的节点上。这样，我们就需要定义它们的远近了。XOR 运算可以解决这个问题。<key,Value> 在 160 位 Hash 上，判断两个节点 x、y 的距离远近的方法是进行二进制运算异或，$d(x,y)=x\oplus y$。两个二进制位结果相同，它们的异或值是 0；如不同，值为 1。例如，我们将 111010 和 101011 取 XOR。

```
    111010
XOR 101011
--------------
    010001
```

对于异或操作，有如下一些数学性质：

- ❑ $d(x, x)=0$
- ❑ $d(x, y)>0$, iff $x\neq y$
- ❑ $x, y{:}d(x, y)=d(y, x)$
- ❑ $d(x, y)+d(y, z)\geqq d(x, z)$
- ❑ $d(x, y) \oplus d(y, z)=d(x, z)$
- ❑ 存在一对 $x\geqq 0, y\geqq 0$，使得 $x+y\geqq x\oplus y$

我们很自然地发现，如果给定了 x，任意一个 $a(a\geqq 0)$ 会唯一确定另一个节点 y，满足 $d(x, y)=a$。假设这里的 x 是我们需要查询的文件 key，我们只需要不断更新 y，使得 y 沿着 $d(x, y)$ 下降的方向找下去，那么一定能收敛到距离 x 最近的点。前面我们提到，文件就是存放在网络编号与文件哈希的 XOR 最近的几个节点上。那么换句话说，只要沿着 XOR 距离降低的方向查找，从任意一个网络节点开始查询，我们总能找到这个存放文件的地址。而且每次更新总能筛选掉一半的节点，那么最多只需 Log N 步即可到达。

2. 节点路由表 K-Bucket

节点路由表用于保存每个节点与自己一定距离范围内其他节点的连接信息。每一条路由信息由如下 3 部分组成：IP Address、UDP Port、Node ID。KAD 路由表将距离分成 160 个 K 桶（存放 K 个数据的桶），分开存储。编号为 i 的路由表，存放着距离为 $[2^{i,2}(i+1)-1]$ 的 K 条路由信息。并且每个 K 桶内部信息存放位置是根据上次看到的时间顺序排列的，最早看到的放在头部，最后看到的放在尾部。因为网络中节点可能处于在线或者离线状态，而在之前经常在线的节点，我们需要访问的时候在线的概率更大，那么我们会优先访问它（尾部的节点）。

通常来说当 i 值很小时，K 桶通常是空的（以 0 为例，距离为 0 自然只有 1 个节点，就是自己）；而当 i 值很大时，其对应 K 桶的项数又很可能特别多（因为范围很大）。这时，我们只选择存储其中的 K 个。在这里 k 的选择需要以系统性能和网络负载来权衡它的数量。比如，在 BitTorrent 的实现中，取值为 $k=8$。因为每个 K-Bucket 覆盖距离范围呈指数增长，那么只需要保存至多 160K 个路由信息就足以覆盖全部的节点范围了。在查询时使用递归方式，我们能证明，对于一个有 N 个节点的 KAD 网络，最多只需要经过 log N 步查询，就可以准确定位到目标节点。

当节点 x 收到一个消息时，发送者 y 的 IP 地址就被用来更新对应的 K 桶，具体步骤如下。

1）计算自己和发送者的 ID 距离：$d(x,y)=x \oplus y$。

2）通过距离 d 选择对应的 K 桶进行更新操作。

3）如果 y 的 IP 地址已经存在于这个 K 桶中，则把对应项移到该 K 桶的尾部；如果 y 的 IP 地址没有记录在该 K 桶中，则：

①如果该 K 桶的记录项小于 k 个，则直接把 y 的 (IP address,UDP port,Node ID) 信息插入队列尾部。

②如果该 K 桶的记录项大于 k 个，则选择头部的记录项（假如是节点 z）进行 RPC_PING 操作。

- 如果 z 没有响应，则从 K 桶中移除 z 的信息，并把 y 的信息插入队列尾部。
- 如果 z 有响应，则把 z 的信息移到队列尾部，同时忽略 y 的信息。

K 桶的更新机制非常高效地实现了一种把最近看到的节点更新的策略，除非在线节点一直未从 K 桶中移出过。也就是说，在线时间长的节点具有较高的可能性继续保留在 K 桶列表中。采用这种机制是基于对 Gnutella 网络上大量用户行为习惯的研究结果，即节点的在线概率与在线时长为正比关系，如图 2-2 所示。

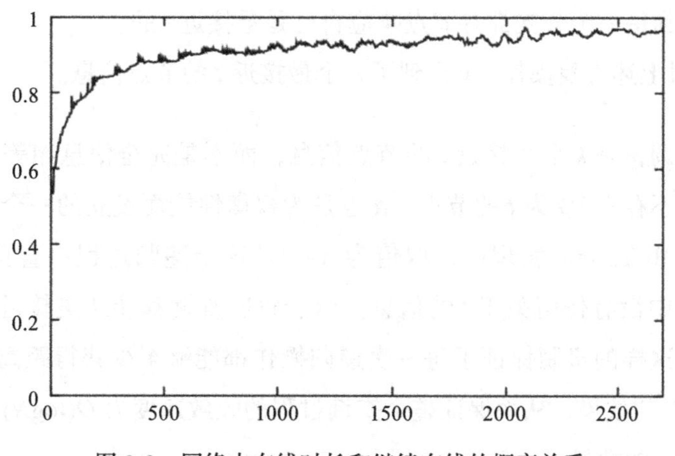

图 2-2 网络中在线时长和继续在线的概率关系

可以明显看出，用户在线时间越长，他在下一时段继续在线的可能性就越高。所以，通过把在线时间长的节点留在 K 桶里，可以明显增加 K 桶中的节点在下一时间段仍然在线的概率，这利于保持 KAD 网络的稳定性和减少网络维护成本（不需要频繁构建节点的路由表）。

（1）路由查询机制

KAD 技术最大特点之一就是能够提供高效的节点查找机制，并且还可以通过参数调节查找的速度。假如节点 x 要查找 ID 值为 t 的节点，Kad 按照如下递归操作步骤进行路由查找：

1）计算到 t 的距离：$d(x,t)=x \oplus t$。

2）从 x 的第 $\log(d)$ 个 K 桶中取出 α 个节点的信息，同时进行 FIND_NODE 操作。如果这个 K 桶中的信息少于 α 个，则从附近多个桶中选择距离最接近 d 的总共 α 个节点。

3）对接受到查询操作的每个节点，如果发现自己就是 t，则回答自己是最接近 t 的；否则测量自己和 t 的距离，并从自己对应的 K 桶中选择 α 个节点的信息给 x。

4）x 对新接收到的每个节点都再次执行 FIND_NODE 操作，此过程不断重复执行，直到每一个分支都有节点响应自己是最接近 t 的。

5）通过上述查找操作，x 得到了 k 个最接近 t 的节点信息。

这里强调，是 k 个最接近 t 的节点信息，而不是完全信息相等，因为网络中可能根本不存在 ID 为 t 的节点。α 也是为权衡性能而设立的一个参数，就像 K 一样。在 BitTorrent 实现中，取值为 $\alpha=3$。这个递归过程一直持续到 $x=t$，或者路由表中没有任何关于 t 的信息。由于每次查询都能从更接近 t 的 K 桶中获取信息，这样的机制保证了每一次递归操作都能够至少获得距离减半（或距离减少 1bit）的效果，从而保证整个查询过程的收敛速度为 $O(\log N)$，这里 N 为网络全部节点的数量。

上述是查询节点 ID 的方法，对于文件查询也是一样的方法。区别仅在于进行 FIND_Value 操作，查找自己是否保存 ID 为 t 的文件。文件查询过程的收敛速度同样是 $O(\mathrm{Log}N)$。

（2）节点加入和离开

如果节点 *u* 要加入 KAD 网络，它必须和一个已经在 KAD 网络中的节点，比如 *w*，取得联系。*u* 首先把 *w* 插入自己适当的 *K* 桶中，对自己的节点 ID 执行一次 FIND_NODE 操作，然后根据接收到的信息更新自己的 *K* 桶内容。通过对自己邻近节点由近及远的逐步查询，*u* 完成了仍然是空的 *K* 桶信息的构建，同时也把自己的信息发布到其他节点的 *K* 桶中。在 KAD 网络中，每个节点的路由表都表示为一棵二叉树，叶子节点为 *K* 桶，*K* 桶存放的是有相同 ID 前缀的节点信息，而这个前缀就是该 *K* 桶在二叉树中的位置。这样，每个 *K* 桶都覆盖了 ID 空间的一部分，全部 *K* 桶的信息加起来就覆盖了整个 160bit 的 ID 空间，而且没有重叠。

以节点 *u* 为例，其路由表的生成过程如下：

1）最初，*u* 的路由表为一个单个的 *K* 桶，覆盖了整个 160bit ID 空间。

2）当学习到新的节点信息后，则 *u* 会尝试把新节点的信息，根据其前缀值插入对应的 *K* 桶中。

①该 *K* 桶没有满，则新节点直接插入这个 *K* 桶中；

②该 *K* 桶已经满了：如果该 *K* 桶覆盖范围包含了节点 *u* 的 ID，则把该 *K* 桶分裂为两个大小相同的新 *K* 桶，并对原 *K* 桶内的节点信息按照新的 *K* 桶前缀值进行重新分配；如果该 *K* 桶覆盖范围没有包含节点 *u* 的 ID，则直接丢弃该新节点信息。

3）上述过程不断重复，直到满足路由表的要求。达到距离近的节点的信息多、距离远的节点的信息少的结果，这样就保证了路由查询过程能快速收敛。

节点离开 KAD 网络不需要发布任何信息，等待节点离线的时间足够长，其他网络节点访问它失效后，便会自动将其移出各自的路由表，那么这一节点也就离开了。

2.1.2 Coral DSHT

Coral 协议是在 2004 年，由纽约大学的 Michael Freedman、Eric Freudenthal 和 David Nazieres 发明的一套内容分发网络系统（Content Delivery Network）。CDN 的设计是为了避开互联网传输瓶颈，并且降低内容供应服务器的网络压力，使得内容能更快速、更稳定地传递给客户端。CDN 的基本思想是在网络部署一些节点服务器，并且建立一套虚拟网络。网络中节点服务器之间实时更新连接信息、延时信息、用户距离参数等，然后将用户的请求重定向到最适合的节点服务器上。这样做有诸多好处，首先，通过节点服务器中转，用户访问网页的速度大大提高了；其次，节点服务器会缓存内容服务器的查询信息，那么也降低了内容服务器的网络负载；最后，内容服务器有可能出现暂时的离线，那么用户同样能通过节点服务器中的缓存读取。

Coral DSHT 则是 Coral CDN 最核心的部件之一。我们在 2.1.1 节中阐述过，Kademlia 协议使用的是 XOR 距离，即信息永远是存储在 XOR 距离最近的节点中。而这并没有考虑实际网络的情况，例如节点之间的延时、数据的位置。这样会浪费大量网络带宽和存储空间。Coral 解决了这个问题，不同于经典的 DHT 方式，Coral 首先对所有的节点评估连接情况，然后根据循环时间（Round-Trip Time）划分为几个等级（Coral 中是 3 层），L2(<20ms)、L1(<60ms)、L0（其他）。Coral 还提供了两个操作接口，put 和 get，用于添加和查找一个键值对，以确定从哪一个等级的 DSHT 中查询。后面我们会详细描述它是如何实现的。

Coral DSHT（Distributed Sloppy hash table）适用于软状态的键值对检索，也就是同一个 Key 可能会保存多个 Value。这种机制能把给定的 Key 映射到网络中的 Coral 服务器地址。比如，使用 DSHT 来查询距离用户较近的域名服务器；查询拥有特定网站缓存信息的服务器；定位周围的节点来最小化请求延时。

1. 索引机制和分层

Coral 对路由表的处理也比较特殊，每一个 Coral 节点根据它们的延时特性放在不同的 DSHT 中。同一个 DSHT 的节点被称为一个集群（Cluster），每个集群有一个最大延时时间，称为集群直径（Diameter）。而整个系统会预先设定一个直径，称为等级（Level）。在每个等级划分下，每个节点都会是某一个 DSHT 的成员。一组节点只有满足两两直径小于第 i 个等级的极限时，它们才能成为一个集群。在 Coral 中，将 DSHT 分成了三层，Level-2 对应两两延时小于 20 毫秒，Level-1 对应两两延时小于 60 毫秒，Level-0 对应其他的全部节点。Coral 在询问时，也会优先请求等级更高、相应时间更短的节点。如果失败了，才会在下一级节点中请求。这样的设计不但降低了查询的延时，也更可能优先获得临近节点的返回数据。

2. 基于键值对的路由层

Coral 的键值对与 Kademlia 一样，都是由 SHA-1 哈希计算得来的，有 160bit。每个节点的 ID 是由它的 IP 地址通过 SHA-1 运算出来的。我们在此可以通过 Put 指令保存一个 <Key, Value> 对，用来表明 Key 和 Value 是接近的；也可以通过 Get 指令，来查询对于同一个 Key，节点的远近顺序如何。具体的计算方法和路由方法与在 2.1.1 节中讲的 Kademlia 协议是一样的。

3. Sloppy 存储

在 Kademlia 协议中，数据会直接保存到 XOR 更近的节点。但实际情况是，如果某些数据非常热门，其他节点也会大量查询，会因此造成拥塞，我们称作 Hot-Spot；同时，一个缓存键值对存储了过多的值，我们称其为 Tree-saturation。Sloppy 存储就是希望规避这两种情况发生。

每一个 Coral 节点定义有两种异常状态，Full 和 Loaded。Full 状态定义为：在当前节点 R，已经存在 L 个 <Key, Value> 对使得 Key=k，并且这 L 个键值对的生存周期都大于新值的 1/2。Loaded 状态定义为：对于给定的 Key=*k*，在过去的一分钟里已经收到超过特定次请求。

那么 Coral 在执行存储操作的时候分为两步进行。

第 1 步为前向查询，Coral 会持续迭代查找距离 Key 更近的节点 ID，这一点和 Kademlia 协议完全一样。每一个节点返回两个信息，其一，该节点是否加载，其二，对于该 Key，这一节点存储有几个 Value，每一个 Value 的实效时间是多长。客户端根据接收到的这些信息决定这些节点是否可以存储新的值。前向查询的过程会一直继续，直到客户端找到一个距离 Key 值最近的可连接节点。如果对某个节点查询异常，这一节点将不再继续迭代查询。可连接节点将被逐一压进堆栈里。

第 2 步为反向查询，客户端从第 1 步中得到了可以存放的节点列表。那么按照距离 Key 从近到远的顺序，依次尝试添加 <Key, Value> 对到这些节点。如果操作失败，比如在此时有其他节点也进行了插入，这一节点成为 FULL 状态，那么客户端将放弃存储这一节点，将其从堆栈内弹出，并尝试下一个节点，直到被成功存储。

取回的操作其实是存放操作的逆过程，在此不赘述。

2.1.3 S/Kademlia DHT

Kademlia 用于完全开放的 P2P 网络，如果不提供任何安全措施，它很容易受到来自恶意节点发动的各类攻击。由此 Ingmar Baumgart 和 Sebastian Mies 二人设计了一种更安全的 S/Kademlia（S/K）协议。基于 Kademlia 协议，S/K 协议在节点 ID 中加入隐式身份认证和兄弟广播（sibling Broadcast）。这样，S/K 就有能力抵御常见的日蚀攻击（eclipse attack）和女巫攻击（Sybil attack）了。

1. Kademlia面临的攻击

按照受到攻击的结构来看，攻击主要分为两类，第1类攻击是针对路由表控制网络中部分节点；第2类则是恶意消耗占用节点的资源。前者包括日蚀攻击、女巫攻击、流失攻击（Churn attack）和对抗路由攻击。

（1）日蚀攻击

如果一个节点在网络中能够自由选择它的ID，攻击者可以在网络中安放一些恶意节点，使得信息都必须经由恶意节点传递。那么这样一来，恶意节点就能够在网络中将一个或几个节点从网络中隐藏掉。只要恶意节点不能自由选择ID或者很难通过策略修改其他节点的K-Bucket，这一攻击就能避免了。我们从2.1.1节得知，KAD会优先请求K-Bucket中的长时间在线的节点，一旦被攻击节点的K-Bucket是非满的，恶意节点就有机会加入攻击节点的K-Bucket，那么攻击者只要拥有足够长的在线时间就能实现攻击了。

（2）女巫攻击

在开放的对等网络里，攻击者可以假冒多个ID，用少数网络节点控制多个虚假身份。KAD网络难以控制节点的数量，那么攻击者伪造大量虚假节点身份，就能控制部分网络。通常情况下可以通过消耗一定的系统和计算资源提高女巫攻击者的成本。当然，这也只能改善并不能杜绝。

（3）流失攻击

攻击者拥有网络的一些节点，即恶意节点，这可能会在网络中引发大量流量流失，从而导致网络稳定性降低。

（4）对抗路由攻击

恶意节点在收到查询指令后，不是按照KAD的要求返回距离Key最接近的网络节点，而是转移给同伙节点。同伙节点也做同样的操作，而不返回给查询节点所需要的信息，那么这样一来查询就会失效。我们发现，整个过程中必须将查询信息传递给恶意节点，这一攻击才能发动。那么我们可以在查询时，设计算法并行地查询，并且每一条查询路径不相交。这样一来，只要并行查询的路径中有一条不碰到恶意节点，查询就能成功了。

2. S/K 防护方式

S/K 协议就是做出了上述的几个改进：为了避免日蚀攻击和女巫攻击，S/K 需要节点不能自由选择节点 ID，不能大批量生成 ID，同时不能窃取和伪装其他节点的 ID。这一方法可以通过非对称加密确保节点身份不被窃取，我们可以设置一定的计算量障碍，强迫节点进行一定的哈希运算来确保不能自由选择和批量生产 ID。

为了避免对抗路由攻击，我们需要并行查找不相交的路径。

（1）安全的节点分配策略

S/K 节点 ID 分配策略方案有 3 个要求：节点不能自由选择其 ID；不能生成多个 ID；不能伪装和窃取其他节点的 ID。

为了实现这些要求，S/K 设置了如下方法增加攻击的难度。每个节点在接入前必须解决两个密码学问题，静态问题是：产生一对公钥和私钥，并且将公钥做两次哈希运算后，具有 $c1$ 个前导零。那么公钥的一次哈希值，就是这个节点的 NodeID。动态问题是：不断生成一个随机数 X，将 X 与 NodeID 求 XOR 后再求哈希，哈希值要求有 $c2$ 个前导零。静态问题保证节点不再能自由选择节点 ID 了，而动态问题则提高了大量生成 ID 的成本。那么女巫攻击和日蚀攻击将难以进行。

为确保节点身份不被窃取，节点需要对发出的消息进行签名。考虑安全性，可以选择只对 IP 地址和端口进行弱签名；或者对整个消息进行签名，以保证消息的完整性。在其他节点接收到消息时，首先验证签名的合法性，然后检查节点ID是否满足上述两个难题的要求。我们发现，对于网络其他节点验证信息的合法性，它的时间复杂度仅有(1)；但是对于攻击者，为了生成这样一个合法的攻击信息，其时间复杂度是（$2^{c1}+2^{c2}$）。合理选取$c1$和$c2$，就能有效避免这3种攻击方式了。

（2）不相交路径查找算法

在KAD协议中，我们进行一次查询时，会访问节点中的α个K-Bucket中的节点，这个K-Bucket是距离我们需要查询的Key最近的。收到回复后，我们再进一步对返回的节点信息排序，选择前α个节点继续迭代进行请求。很明显，这样做的缺点是，一旦返回的其他节点信息是一组恶意节点，那么这个查询很可能就会失败了。

为解决这个问题，S/K提出的方案如下：每次查询选择k个节点，放入d个不同的Bucket中。这d个Bucket并行查找，Bucket内部查找方式和KAD协议完全相同。这样一来，d条查找路径就能做到不相交。对于任意一个Bucket，有失效的可能，但是只要d个Bucket中有一条查询到了所需要的信息，这个过程就完成了。

通过不相交路径查找，能解决对抗路由攻击。S/K协议将Kademlia协议改进后，针对常见的攻击，其安全性能大大提高了。

2.2 块交换协议（BitTorrent）

BitTorrent是一种内容分发协议，它的开创者是美国程序员Bram Cohen(也是著名游戏平台Steam的设计者)。BitTorrent采用内容分发和点对点技术，帮助用户相互更高效地共享大文件，减轻中心化服务器的负载。BitTorrent网络里，每个用户需要同时上传和下载数据。文件的持有者将文件发送给其中一个或多个用户，再由这些用户转发给其他用户，用户之间相互转发自己所拥有的文件部分，直到每个用户的下载全部完成。这种方法可以减轻下载服务器的负载，下载者也是上传者，平摊带宽资源，从而大大加快文件的平均下载速度。

2.2.1 BitTorrent 术语含义

以下是 BitTorrent 中涉及的术语。

- torrent：它是服务器接收的元数据文件（通常结尾是 .Torrent）。这个文件记录了下载数据的信息（但不包括文件自身），例如文件名、文件大小、文件的哈希值，以及 Tracker 的 URL 地址。
- tracker：是指互联网上负责协调 BitTorrent 客户端行动的服务器。当你打开一个 torrent 时，你的机器连接 tracker，并且请求一个可以接触的 peers 列表。在传输过程中，客户端将会定期向 tracker 提交自己的状态。tracker 的作用仅是帮助 peers 相互达成连接，而不参与文件本身的传输。
- peer：peer 是互联网上的另一台可以连接并传输数据的计算机。通常情况下，peer 没有完整的文件。peer 之间相互下载、上传。
- seed：有一个特定 torrent 完整拷贝的计算机称为 seed。文件初次发布时，需要一个 seed 进行初次共享。
- swarm：连接一个 torrent 的所有设备群组。
- Chocking：Chocking 阻塞是一种临时的拒绝上传策略，虽然上传停止了，但是下载仍然继续。BitTorrent 网络下载需要每个 peer 相互上传，对于不合作的 peer，会采取临时的阻断策略。
- Pareto 效率：帕累托效率（Pareto efficiency）是指资源分配已经到了物尽其用的阶段，对任意一个个体进一步提升效率只会导致其他个体效率下降。此时说明系统已经达到最优状态了。

- 针锋相对（Tit-fot-Tat）：又叫一报还一报，是博弈论中一个最简单的策略。以合作开局，此后就采取以其人之道还治其人之身的策略。它强调的是永远不先背叛对方，除非自己被背叛。在BitTorrent中表现为，Peer给自己贡献多少下载速度，那么也就贡献多少上传速度给他。

2.2.2 P2P块交换协议

1. 内容的发布

现在我们从流程上解释，一个新文件是如何在BitTorrent网络上传播的。新的文件发行，需要从seed开始进行初次分享。首先，seed会生成一个扩展名为.torrent的文件，它包含如下信息：文件名、大小、tracker的URL。一次内容发布至少需要一个tracker和一个seed，tracker保存文件信息和seed的连接信息，而seed保存文件本身。一旦seed向tracker注册，它就开始等待为需要这个torrent的peer上传相关信息。通过.torrent文件，peer会访问tracker，获取其他peer/seed的连接信息，例如IP和端口。tracker和peer之间只需要通过简单的远程通信，peer就能使用连接信息，与其他peer/seed沟通，并建立连接下载文件。

2. 分块交换

前面我们提到，peer大多是没有完整的拷贝节点的。为了跟踪每个节点已经下载的信息有哪些，BitTorrent把文件切割成大小为256KB的小片。每一个下载者需要向他的peer提供其拥有的片。为了确保文件完整传输，这些已经下载的片段必须通过SHA-1算法验证。只有当片段被验证是完整的时，才会通知其他peer自己拥有这个片段，可以提供上传。

3. 片段选择算法

上面我们发现，BitTorrent内容分享的方式非常简单实用。但是，直觉上我们会发现如何合理地选择下载片段的顺序，对提高整体的速度和性能非常重要。如果某片段仅在极少数 peer 上有备份，则这些 peer 下线了，网络上就不能找到备份了，所有 peer 都不能完成下载。针对这样的问题，BitTorrent 提供了一系列片段选择的策略。

- 优先完成单一片段：如果请求了某一片段的子片段，那么本片段会优先被请求。这样做是为了尽可能先完成一个完整的片段，避免出现每一个片段都请求了同一个子片段，但是都没有完成的情况。
- 优先选择稀缺片段：选择新的片段时，优先选择下载全部 peer 中拥有者最少的片段。拥有者最少的片段意味着是大多数 peer 最希望得到的片段。这样也就降低了两种风险，其一，某个 peer 正在提供上传，但是没有人下载（因为大家都有了这一片段）；其二，拥有稀缺片段的 peer 停止上传，所有 peer 都不能得到完整的文件。
- 第一个片段随机选择：下载刚开始进行的时候，并不需要优先最稀缺的。此时，下载者没有任何片断可供上传，所以，需要尽快获取一个完整的片断。而最少的片断通常只有某一个 peer 拥有，所以，它可能比多个 peer 都拥有的那些片断下载得慢。因此，第一个片断是随机选择的，直到第一个片断下载完成，才切换到“优先选择稀缺片段”的策略。
- 结束时取消子片段请求：有时候，遇到从一个速率很慢的 peer 请求一个片断的情况，在最后阶段，peer 向它的所有的 peer 都发送对某片断的子片断的请求，一旦某些子片断到了，那么就会向其他 peer 发送取消消息，取消对这些子片断的请求，以避免浪费带宽。

2.2.3 阻塞策略

不同于 HTTP 协议，BitTorrent 中文件分享完全依赖每个 peer，因此每个 peer 都有义务来共同提高共享的效率。对于合作者，会根据对方提供的下载速率给予同等的上传速率回报。对于不合作者，就会临时拒绝对它的上传，但是下载依然继续。阻塞算法虽不在P2P协议的范畴，但是对提高性能是必要的。一个好的阻塞算法应该利用所有可用的资源，为所有下载者提供一致可靠的下载速率，并适当惩罚那些只下载而不上传的peer，以此来达到帕累托最优。

1. BitTorrent的阻塞算法

某个peer不可能与无限个peer进行连接，通常情况只能连接4个peer。那么怎么控制才能决定选择哪些peer连接使得下载速度达到最优？我们知道，计算当前下载速度其实很难，比如使用20秒轮询方式来估计，或者从长时间网络流量来估计，但是这些方法都不太可行，因为流量随着时间产生的变化太快了。频繁切换阻塞/连接的操作本身就会带来很大的资源浪费。BitTorrent网络每10秒重新计算一次，然后维持连接状态到下一个10秒才会计算下一次。

2. 最优阻塞

如果我们只考虑下载速度，就不能从目前还没有使用的链接中去发现可能存在的更好的选择。那么，除了提供给peer上传的链接，还有一个始终畅通的链接叫最优阻塞。不论目前的下载情况如何，它每间隔30秒就会重新计算一次哪一个链接应该是最优阻塞。30秒的周期足够达到最大上传和下载速率了。

3. 反对歧视

在特殊情况下，某个peer可能被全部的peer阻塞了，那么很显然，通过上面的方法，它会一直保持很低的下载速度，直到经历下一次最优阻塞。为了减少这种问题，如果一段时间过后，从某个peer那里一个片断也没有得到，那么这个peer会认为自己被对方“怠慢”了，于是不再为对方提供上传。

4. 完成后的上传

一旦某个peer完成下载任务了，就不再以它的下载速率决定为哪些peer提供上传服务。至此开始，该 peer 优先选择网络环境更好、连接速度更快的其他 peer，这样能更充分地利用上传带宽。

2.3 版本控制（Git）

1. 版本控制类型

版本控制系统是用于记录一个或若干文件内容变化，以便将来查阅特定版本修订情况的系统。例如我们在做开发时，版本控制系统会帮我们实现对每一次修改的备份，可以方便地回到之前的任意一个版本。实现版本控制的软件有很多种类，大致可以分为三类：本地版本控制系统、中心化版本控制系统、分布式版本控制系统。

（1）本地版本控制系统

许多人习惯用复制整个项目目录的方式来保存不同的版本，或许还会改名加上备份时间以示区别。这么做唯一的好处就是简单，但是特别容易犯错。有时候会混淆所在的工作目录，一不小心会写错文件或者覆盖其他文件。为了解决这个问题，人们很久以前就开发了许多种本地版本控制系统，大多都是采用某种简单的数据库来记录文件的历次更新差异。

其中最流行的一种称为 RCS，现今许多计算机系统上都还能看到它的踪影。甚至在流行的 Mac OS X 系统上安装了开发者工具包之后，也可以使用 RCS 命令。它的工作原理是在硬盘上保存补丁集（补丁是指文件修订前后的变化）；通过应用所有的补丁，可以重新计算出各个版本的文件内容。

（2）中心化版本控制系统

接下来人们又遇到一个问题：如何让不同系统上的开发者协同工作？于是，

中心化版本控制系统（Centralized Version Control Systems，CVCS）应运而生，如图 2-3 所示。这类系统，诸如 CVS、Subversion 及 Perforce 等，都有一个单一的集中管理的服务器，保存所有文件的修订版本，而协同工作的人们都通过客户端连到这台服务器，取出最新的文件或者提交更新。多年以来，这已成为版本控制系统的标准做法。

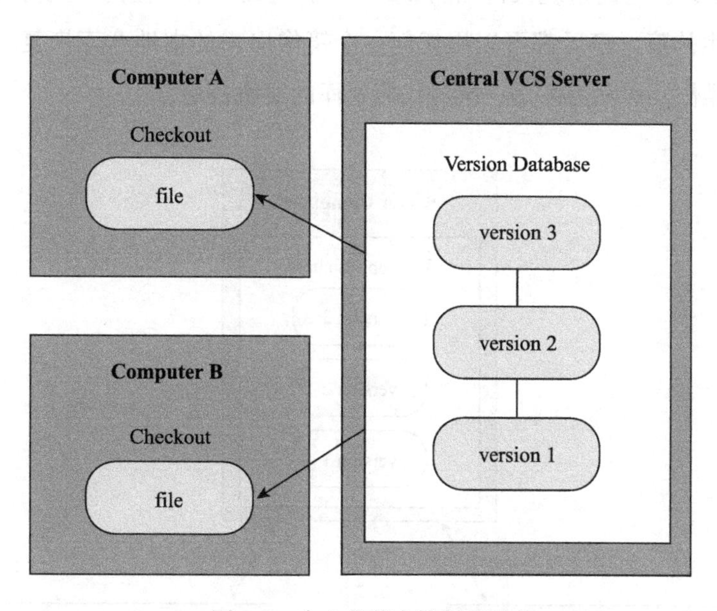

图 2-3　中心化版本控制系统

这种做法带来了许多好处，特别是相较于老式的本地 VCS 有优势。每个人都可以在一定程度上看到项目中的其他人正在做些什么，而管理员也可以轻松掌控每个开发者的权限。并且管理一个 CVCS 要远比在各个客户端上维护本地数据库来得轻松容易。这种方案最显而易见的缺点是中央服务器的单点故障。如果中央服务器宕机 1 小时，那么在这 1 小时内，谁都无法提交更新，也就无法协同工作。如果中心数据库所在的磁盘发生损坏，又没有及时做备份，毫无疑问你将丢失所有数据，包括项目的整个变更历史，只剩下人们在各自机器上保留的单独快照。本地版本控制系统也存在类似问题，只要整个项目的历史记录被保存在单一位置，就有丢失所有历史更新记录的风险。

(3) 分布式版本控制系统

为了避免中心化版本控制系统单点故障的风险，分布式版本控制系统（Distributed Version Control System，DVCS）面世了。这类系统有 Git、Mercurial、Bazaar 及 Darcs 等，客户端并不只提取最新版本的文件快照，而是把代码仓库完整地镜像下来。它的系统架构如图 2-4 所示。这么一来，任何一处协同工作用的服务器发生故障，事后都可以用任何一个镜像出来的本地仓库恢复。因为每一次的克隆操作，实际上都是一次对代码仓库的完整备份。

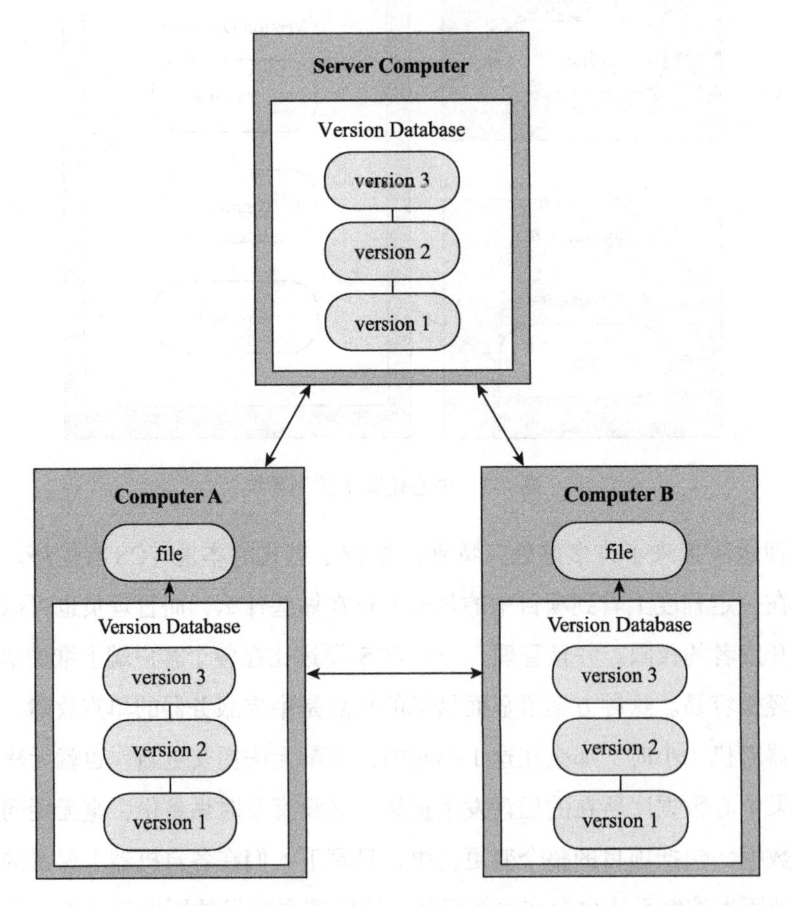

图 2-4 分布式版本控制

更进一步，许多这类系统都可以指定与若干不同的远端代码仓库进行交互。

借此，你就可以在同一个项目中，分别和不同工作小组的人相互协作。你可以根据需要设定不同的协作流程，比如层次模型式的工作流，而这在以前的集中式系统中是无法实现的。

2. 快照流

Git和其他版本控制系统的主要差别在于Git保存数据的方法。从概念上来区分，其他大部分系统以文件变更列表的方式存储信息，这类系统（CVS、Subversion、Perforce、Bazaar等）将它们保存的信息看作一组随时间逐步累积的文件差异关系，如图2-5所示。

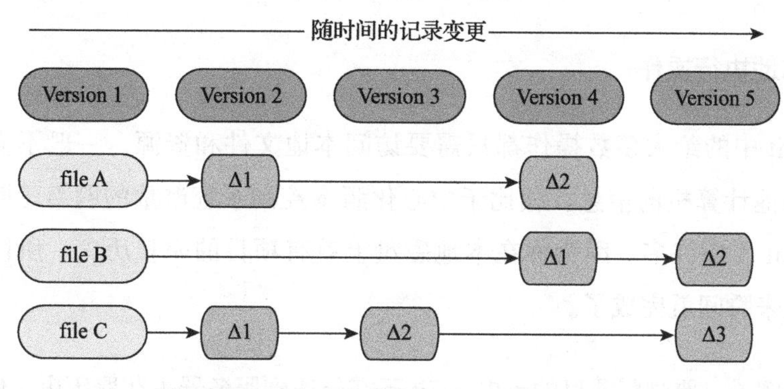

图2-5 每个文件与初始版本的差异

Git不按照以上方式保存数据。反之，Git更像把数据看作对小型文件系统的一组快照，如用2-6所示。每次你提交更新或在Git中保存项目状态时，它将为全部文件生成一个快照并保存这个快照的索引。为了效率，如果文件没有修改，Git不再重新存储该文件，而是只保留一个链接指向之前存储的文件。Git保存数据的方式更像是一个快照流。

Git存储的是数据随时间改变的快照。

这是Git与其他版本控制系统的重要区别。因此Git综合考虑了以前每一代版本控制系统延续下来的问题。Git更像一个小型的文件系统，提供了许多以此为基础构建的优秀工具，而不只是一个简单的版本控制系统。稍后我们在讨论 Git 分支管理时，将探究这种方式带来的好处。

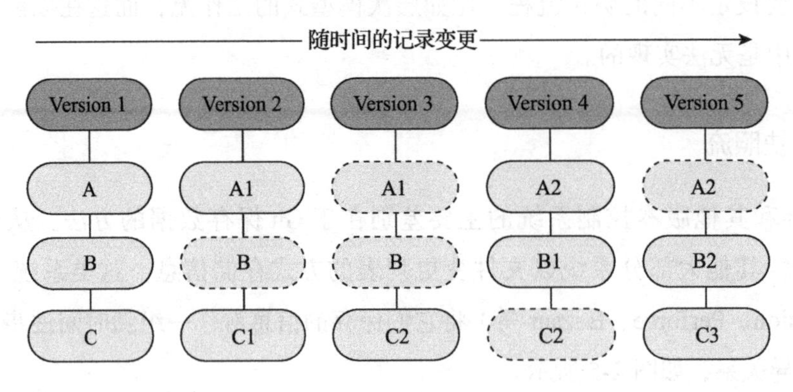

图 2-6 文件快照存储

3. 本地执行操作

在 Git 中的绝大多数操作都只需要访问本地文件和资源，一般不需要来自网络上其他计算机的信息。相比于中心化版本控制系统严重的网络延时，在本地加载 Git 要快许多。因为你在本地磁盘上就有项目的完整历史，所以大部分操作看起来瞬间就完成了。

举个例子，要浏览项目的历史，Git 不需外连到服务器去获取历史，然后再显示出来，它只需直接从本地数据库中读取，你就能立即看到项目历史。如果你想查看当前版本与一个月前的版本之间引入的修改，Git 会查找到一个月前的文件做一次本地的差异计算，而不是由远程服务器处理或从远程服务器拉回旧版本文件再在本地处理。

这也意味着当你处于离线状态时，也可以进行几乎所有的操作。比如：在飞机或火车上想做些工作，你能愉快地提交，直到有网络连接时再上传；回家后 VPN 客户端不正常，你仍能工作。而使用其他系统，做到如此是不可能的或很费力的。比如，用 Perforce，你没有连接服务器时几乎不能做任何事；用 Subversion 和 CVS，你能修改文件，但不能向数据库提交修改（因为你的本地数据库离线了）。这看起来不是大问题，但是你可能会惊喜地发现它带来的巨大的不同。

4. 只添加数据

我们所执行的 Git 操作，本质都是在 Git 数据库中增加操作数据。Git 上的操作几乎都是可逆的。同其他 VCS 一样，未提交更新将有可能丢失或弄乱修改的内容；一旦你将修改快照提交到 Git 系统中，就难再丢失数据。这使得 Git 在版本控制领域成为一个非常优秀的工具，因为我们可以尽情做各种修改尝试，而仍有回流的机会。

5. 完整性校验

Git 中所有数据在存储前都会计算校验和，然后以校验和来引用。这意味着不可能在 Git 不知情时更改任何文件内容或目录内容。这个功能由 Git 在底层实现。若你在编辑过程中丢失信息或损坏文件，Git 就能发现。

Git 用以计算校验的哈希算法是 SHA-1。Git 会将文件的内容或目录结构一同计算，得出它们的哈希值，确保文件和路径的完整性。Git 中使用这种哈希值的情况很多，你将经常看到这种哈希值。实际上，Git 数据库中保存的信息都是以文件内容的哈希值来索引的，而不是文件名。

6. 工作区与工作状态

Git 有 3 种状态，你的文件可能处于其中之一：已提交（committed）、已修改（modified）和已暂存（staged）。已提交表示数据已经安全地保存在本地数据库中；已修改表示修改了文件，但还没保存到数据库中；已暂存表示对一个已修改文件的当前版本做了标记，使之包含在下次提交的快照中。

由此引入 Git 项目的 3 个工作区域的概念：工作目录、Git 仓库及暂存区域。Git 仓库包括本地仓库和远程仓库。

1）工作目录：直接编辑修改的目录。工作目录是将项目中某个版本独立提取出来的内容放在磁盘上供你使用或修改。

2）Git 仓库：保存项目的元数据和对象数据库。这是 Git 中最重要的部分，从其他计算机复制仓库时，复制的就是这里的数据。

3）暂存区域：是一个文件，保存了下次将提交的文件列表信息，一般在 Git 仓库中。有时候也被称作“索引”，不过一般还是叫暂存区域。

定义了这 3 个工作区域，工作流程就很清晰了。基本的 Git 工作流程如下：

1）在工作目录中修改文件。

2）暂存文件，将文件的快照放入暂存区域。

3）提交更新，找到暂存区域的文件，将快照永久性存储到 Git 仓库。

如果 Git 仓库中保存着的特定版本文件，就属于已提交状态。如果做了修改并已放入暂存区域，就属于已暂存状态。如果自上次取出后，做了修改但还没有放到暂存区域，就是已修改状态。

7. 分支

为了理解 Git 分支的实现方式，我们需要回顾一下 Git 是如何储存数据的。Git 保存的不是文件差异或者变化量，而是一系列文件快照。在 Git 中提交时，会保存一个提交（commit）对象，该对象包含一个指向暂存内容快照的指针，包含本次提交的作者等相关附属信息，包含零个或多个指向该提交对象的父对象指针：首次提交是没有直接祖先的，普通提交有一个祖先，由两个或多个分支合并产生的提交则有多个祖先。

为直观起见，我们假设在工作目录中有 3 个文件，准备将它们暂存后提交。暂存操作会对每一个文件计算校验和，然后把当前版本的文件快照保存到 Git 仓库中（Git 使用 blob 类型的对象存储这些快照），并将校验和加入暂存区域。

```
$ git add README test.rb LICENSE
$ git commit -m 'initial commit of my project'
```

当使用 git commit 新建一个提交对象前，Git 会先计算每一个子目录（本例中就是项目根目录）的校验和，然后在 Git 仓库中将这些目录保存为树（tree）对象。之后 Git 创建的提交对象，除了包含相关提交信息以外，还包含着指向这个树对象（项目根目录）的指针，如此它就可以在将来需要的时候，重现此次快照的内容了。

现在，Git 仓库中有 5 个对象：3 个表示文件快照内容的 blob 对象；1 个记录着目录树内容及其中各个文件对应 blob 对象索引的 tree 对象；以及 1 个包含指向 tree 对象（根目录）的索引和其他提交信息元数据的 commit 对象。概念上来说，仓库中的各个对象保存的数据和相互关系看起来如图 2-7 所示。

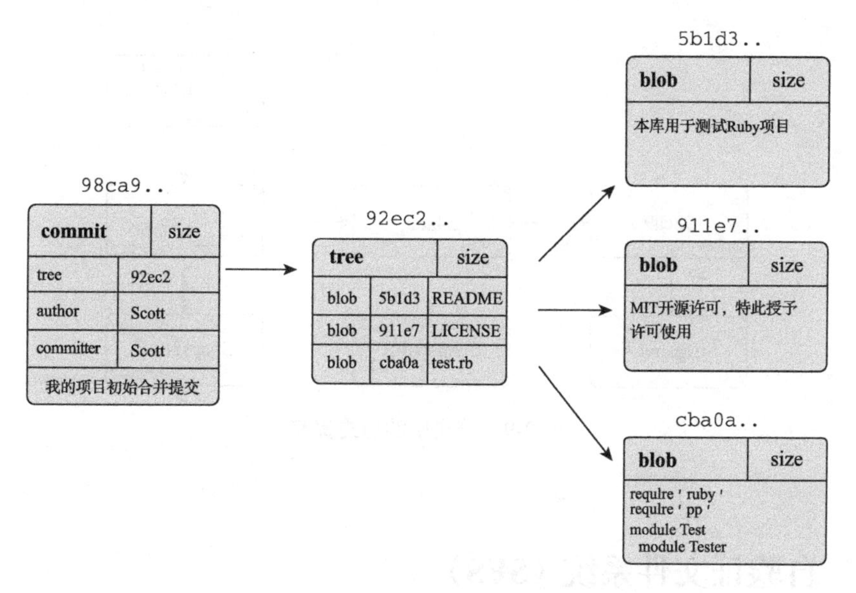

图 2-7　单一提交对象的数据结构

做些修改后再次提交，那么这次的提交对象会包含一个指向上次提交对象的指针。两次提交后，仓库历史会变成图 2-8 所示的样子。

现在来谈分支。Git 中的分支本质上仅是个指向 commit 对象的可变指针。Git 使用 master 作为分支的默认名字。第一个分支也常被称为主干。主干可被克隆为其他分支，每条分支的可变指针在每次提交时都会自动向前移动，如图 2-9 所示。

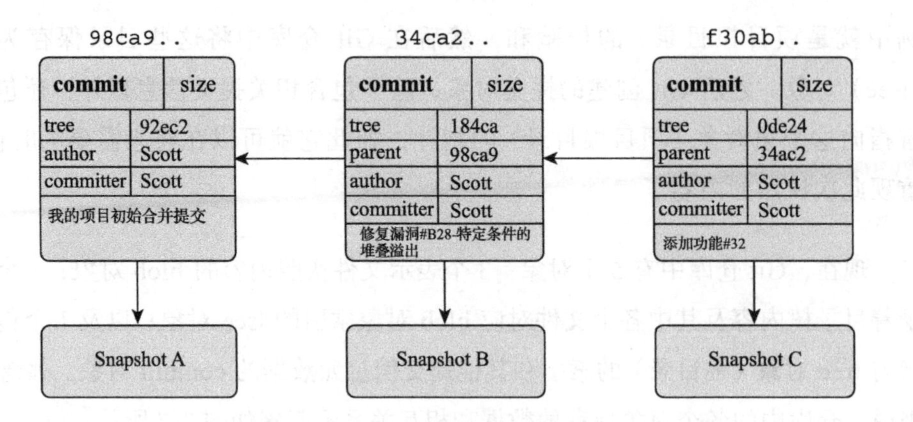

图 2-8 多个提交对象之间的链接关系

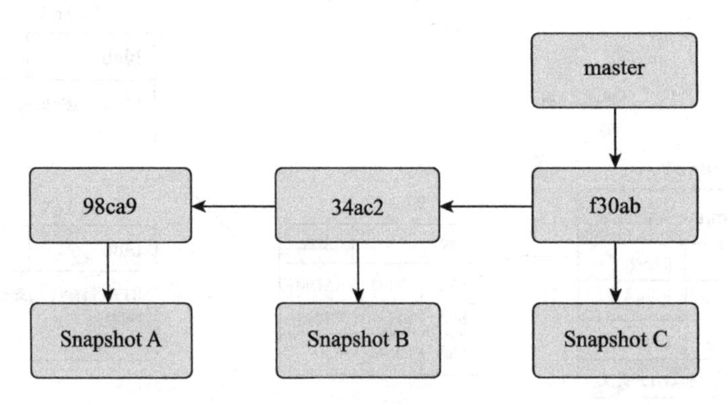

图 2-9 分支中的历史提交

2.4 自验证文件系统（SFS）

自验证文件系统（Self-Certifying File System，SFS）是由 David Mazieres 和他的导师 M. Frans Kaashoek 在其博士论文中提出的。SFS 是为了设计一套整个互联网共用的文件系统，全球的 SFS 系统都在同一个命名空间下。在 SFS 中，分享文件会变得十分简单，只需要提供文件名就行了。任何人都能像 Web 一样，搭建起 SFS 服务器，同时任意一个客户端都能连接网络中任意一个服务器。

直觉上，我们可以感受到，要实现一个全球共享的文件系统，最大的障碍莫过于如何让服务端为客户端提供认证。一个我们能想到的思路就是每个服务器都使用非对称加密，生成一对私钥和公钥。客户端使用服务器的公钥来验证服务器的安全连接。那么这样又有一个新问题，如何让客户端在最初获得服务器的公钥呢？在不同的需求场景下，用户对密钥管理的要求是不同的，又如何实现密钥管理的可扩展性呢？

SFS则使用了一种解决方案，一种新的方式，它将公钥信息嵌入文件名中，这个做法命名为“自验证文件名”。那么显然，这样做以后我们就无须在文件系统内部实现密钥管理了。这部分密钥管理的功能可以加入用户对文件命名的规则中。这样一来给用户的加密方式带来很多便利，用户可以根据需求，自行选择需要的加密方式。

SFS核心思想有如下几点：

- SFS文件系统具备自验证路径名称，不需要在文件系统内部实现密钥管理。
- 在SFS上易于架设各种密钥管理机制，包括各类组合机制。
- SFS将密钥管理与密钥分发解耦。
- 实现全球范围的文件系统。

2.4.1 SFS设计

1. 安全性

SFS系统的安全性可以由两部分定义：文件系统本身的安全性和密钥管理的安全性。换句话说，安全性意味着攻击者未经许可不能读取或者修改文件系统；而对于用户的请求，文件系统一定会给用户返回正确的文件。

- 文件系统本身的安全性：SFS除非明确指明允许匿名访问，否则用户如果需要读取、修改、删除或者对文件进行任何篡改，都需要提供正确的密钥。客户端与服务器始终在加密的安全通道中进行通信，通道需要确保双方的身份，以及数据完整性和实时性（避免攻击者截获数据包，并将其重新发送，欺骗系统，这称为重放攻击）。

- 密钥管理的安全性：仅仅依靠文件系统的安全保护并不能满足用户的各类需求，用户可以使用密钥管理来达到更高级别的安全性。用户可以使用预先设置的私钥，或使用多重加密，再或者使用由第三方公司提供的文件系统来访问经过认证的文件服务器。用户可以从中灵活、轻松地构建各种密钥管理机制。

2. 可扩展性

因为 SFS 定位是全球范围共享的文件系统，所以 SFS 应该具有良好的可扩展性能。无论用户是希望以密码认证方式读取个人文件，还是浏览公共服务器上的内容，SFS 都应该能很好地兼容。

在 SFS 系统的设计中，任何在 Internet 网络内拥有域名或 IP 地址的服务器，都能部署为 SFS 服务器，并且过程十分简单，甚至无须请求注册权限。SFS 通过 3 个属性实现它的扩展：全网共享的命名空间，用于实现密钥管理的原语集，以及模块化设计。

- 全局命名空间：在任意一个客户端登录的 SFS 都具有相同的命名空间。虽然 SFS 中在每个客户端都会共享相同的文件，但是没有任何人能控制全局的命名空间；每个人都能添加新的服务器到这个命名空间里。
- 密钥管理的原语集：SFS 还允许用户在文件名解析期间使用任意算法来查找和验证公钥。不同的用户可以采用不同的技术认证相同的服务器；SFS 允许他们安全地共享文件缓存。
- 模块化设计：客户端和服务器在设计时就大量使用了模块化设计，程序之间大多使用设计好的接口进行通信。这样，更新迭代系统各个部分，或者添加新的功能特性会非常简单。

2.4.2 自验证文件路径

自验证文件系统的一个重要的特性，就是在不依赖任何外部信息的条件下，利用加解密来控制权限。这是因为，如果 SFS 使用本地配置文件，那么显然这与全局文件系统的设计相悖；如果使用一个中心化服务器来辅助连接，用户可能产生不信任。那么，如何在不依赖外部信息的情况下，来安全地获取文件数据呢？ SFS 提出了一种新的方式，即通过可以自我证明身份的路径名实现。

SFS 路径中包含了构成与指定服务器构建连接的需要的全部信息，例如网络地址和公钥。SFS 文件路径包含 3 部分：

（1）服务器位置

告知 SFS 客户端文件系统服务器的地址，它可以是 IP 地址或者 DNS 主机名。

（2）HostID

告知 SFS 如何与服务器构建安全的连接通道。为了确保连接的安全性，每个 SFS 客户端都有一个公钥，而 Host ID 通常设置为主机名与公钥的哈希。通常情况下，SFS 会按照 SHA-1 函数计算。

```
HostID = SHA-1 (“HostInfo”, Location, PublicKey, “HostInfo”,
    Location, PublicKey)
```

使用 SHA-1 主要考虑了计算的简易性，以及一个能接受的安全等级。SHA-1 的输出是固定的 20 字节，它比公钥短得多。同时 SHA-1 能为 SFS 提供足够的密码学保护，找到一对合法的服务器位置与公钥对来满足要求，它的构造难度非常大。

（3）在远程服务器上文件的地址

前面两个信息是为了找到目标服务器并构建安全连接，最后只需要提供文件的位置、定位需求的文件即可。整个自验证文件路径的形式如下：

Location	HostID	path
/sfs/sfs.lcs.mit.edu:	vefvsv5wd4hz9isc3rb2x648ish742h	/pub/links/sfscvs

即给定一个IP地址或域名作为位置，给定一个公钥/私钥对，确定相应的Host ID，运行SFS服务器软件，任何一个服务器都能通过客户端将自己加入SFS中，而无须进行任何的注册过程。

2.4.3 用户验证

自验证的路径名能帮助用户验证服务器的身份，而用户验证模块则是帮助服务器验证哪些用户是合法的。与服务器身份验证一样，找到一种能用于所有用户身份验证的方法同样是很难达到的。因此SFS把用户身份验证与文件系统分开。外部软件可以根据服务器的需求来设计协议验证用户。

SFS引入了Agent客户端模块来负责用户认证工作。当用户第一次访问SFS文件系统时，客户端会加载访问并通知Agent这一事件。然后，Agent会向远程服务器认证这个用户。从服务器角度来看，这部分功能从服务器搬到了一个外部认证的通道。Agent和认证服务器之间通过SFS传递信息。如果验证者拒绝了验证请求，Agent可以改变认证协议再次请求。如此一来，可以实现添加新的用户验证信息却不需要修改实际的真实文件系统。如果用户在文件服务器上没有注册过，Agent在尝试一定次数以后拒绝用户的身份验证，并且将授权用户以匿名方式文件系统。另外，一个Agent也能方便地通过多种协议连接任意给定的服务器，这些设计都会非常方便、快捷和灵活。

2.4.4 密钥撤销机制

有些时候服务器的私钥可能会被泄露，那么原有的自验证文件路径可能会错误地定位到恶意攻击者设置的服务器。为了避免这种情况发生，SFS提供了两种机制来控制：密钥撤销指令和Host ID阻塞。密钥撤销指令只能由文件服务器的拥有者发送，它的发送目标是全部的用户。这一指令本身是自验证的。而 Host ID 阻塞是由其他节点发送的，可能与文件服务器拥有者冲突，每一个验证的 Agent 可以选择服从或者不服从 Host ID 阻塞的指令。如果选择服从，对应的 Host ID 就不能被访问了。

密钥撤销指令的形式如下：

```
Revokemessage={"PathRevoke" ,Location,Public_Key,NULL}||Secret_Key
```

在这里 PathRevoke 字段是一个常量；Location 是需要撤销密钥的自验证路径名称；NULL 是为了保持转发指针指令的统一性，在这里将转发指针指向一个空路径，意味着原有指针失效了；这里 Public_Key 是失效前的公钥；Secret_Key 是私钥。这一条信息能够确保撤销指令是由服务器所有者签发的。

当 SFS 客户端软件看到吊销证书时，任何要求访问撤销地址的请求都会被禁止。服务端会通过两种方式获取密钥撤销指令：SFS 连接到服务器的时候，如果访问到已经撤销的地址或路径，它会收到由服务器返回的密钥撤销指令；用户初次进行自认证路径名时，客户端会要求 Agent 检查其是否已经被撤销，Agent 会返回相应的结果。撤销指令是自验证的，因此分发撤销指令并不是那么重要，我们可以很方便地请求其他源头发送的撤销指令。

2.5　Merkle DAG 和 Merkle Tree

对于 IPFS，Merkle DAG 和 Merkle Tree 是两个很重要的概念。Merkle DAG 是 IPFS 的存储对象的数据结构，Merkle Tree 则用于区块链交易的验证。Merkle Tree 通常也被称为哈希树（Hash Tree），顾名思义，就是存储哈希值的一棵树；而 Merkle DAG 是默克尔有向无环图的简称。二者有相似之处，也有一些区别。

从对象格式上，Merkle Tree 的叶子是数据块（例如，文件、交易）的哈希值。非叶节点是其对应子节点串联字符串的哈希。Merkle DAG 的节点包括两个部分，Data 和 Link；Data 为二进制数据，Link 包含 Name、Hash 和 Size 这 3 个部分。从数据结构上看，Merkle DAG 是 Merkle Tree 更普适的情况，换句话说，Merkle Tree 是特殊的 Merkle DAG。从功能上看，后者通常用于验证数据完整性，而前者大多用于文件系统。

下面我们对这两种数据结构和用法详细解释。

2.5.1 Merkle Tree

1. Hash

Hash 是一个把任意长度的数据映射成固定长度数据的函数。例如，对于数据完整性校验，最简单的方法是对整个数据做 Hash 运算，得到固定长度的 Hash 值，然后把得到的 Hash 值公布在网上，这样用户下载到数据之后，对数据再次进行 Hash 运算，将运算结果与网上公布的 Hash 值进行比较，如果两个 Hash 值相等，说明下载的数据没有损坏。可以这样做是因为输入数据的任何改变都会引起 Hash 运算结果的变化，而且根据 Hash 值反推原始输入数据是非常困难的。如果从稳定的服务器进行数据下载，采用单一 Hash 进行验证是可取的。但现实中数据的下载会发生各种意外，如链接中断。一旦数据损坏，就需要重新下载，这种下载方式的效率低下。

2. Hash List

在点对点网络中做数据传输的时候，会同时从多个机器上下载数据，而且可以认为很多机器是不稳定或者不可信的。为了校验数据的完整性，更好的办法是把大的文件分割成小的数据块（例如，分割成 2KB 为单位的数据块）。这样的好处是，如果小块数据在传输过程中损坏了，那么只要重新下载这一块数据即可，不需要重新下载整个文件。那么，如何确定数据块的完整性呢？只需要为每个数据块计算Hash值。BT下载的时候，在下载到真正数据之前，我们会先下载一个Hash列表。那么问题又来了，怎么确定这个Hash列表本身是正确的呢？答案是把每个小块数据的Hash值拼到一起，然后对这个长字符串再做一次Hash运算，这样就得到Hash列表的根Hash（Top Hash或Root Hash）。下载数据的时候，首先从可信的数据源得到正确的根Hash，就可以用它来校验Hash列表了，然后即可通过校验后的Hash列表校验数据块的完整性。

3. Merkle Tree

Merkle Tree可以看作Hash List的泛化（Hash List可以看作一种特殊的Merkle Tree，即树高为2的多叉Merkle Tree）。

在最底层，和Hash列表一样，把数据分成小的数据块，有相应的Hash与它对应。但是往上走，并不是直接去运算根Hash，而是把相邻的两个Hash合并成一个字符串，然后运算这个字符串的Hash。这样每两个Hash就“结婚生子”，得到了一个“子Hash”。如果最底层的Hash总数是单数，那到最后必然出现一个“单身Hash”，这种情况就直接对它进行Hash运算，所以也能得到它的“子Hash”。于是往上推，依然是一样的方式，可以得到数目更少的新一级Hash，最终形成一棵倒挂的树，树根位置就是树的根Hash，我们把它称为Merkle Root。

在P2P网络下载之前，先从可信的源获得文件的Merkle Tree树根。一旦获得了树根，就可以从其他从不可信的源获取Merkle Tree。通过可信的树根来检查接收到的Merkle Tree。如果Merkle Tree是损坏的或者是虚假的，就从其他源获得另一个Merkle Tree，直到获得一个与可信树根匹配的Merkle Tree。

4. Merkle Tree的特点

Merkle Tree是一种树，大多数是二叉树，也可以是多叉树。无论是几叉树，它都具有树结构的所有特点。

1）Merkle Tree的叶子节点的value是数据集合的单元数据或者单元数据Hash。

2）非叶子节点的 value 是根据它下面所有的叶子节点值，按照哈希算法计算而得出的。

通常，使用哈希算法（例如：SHA-2 和 MD5）来生成数据的 Hash 值。但如果目的仅仅是防止数据不被蓄意的损坏或篡改，可以使用安全性低但效率高的校验算法，如 CRC。

Merkle Tree 和 Hash List 的主要区别是，可以直接下载并立即验证 Merkle Tree 的一个分支。因为可以将文件切分成小的数据块，这样如果有一块数据损坏，仅仅重新下载这个数据块就行了。如果文件非常大，那么 Merkle Tree 和 Hash List 都很大，但是 Merkle Tree 可以一次下载一个分支，然后立即验证这个分支，如果分支验证通过，就可以下载数据了；而 Hash List 只有下载整个 Hash List 才能验证。

5. Merkle Tree 的应用

- 数字签名：最初 Merkle Tree 的目的是高效处理 Lamport 单次签名。每一个 Lamport 密钥只能被用来签名一个消息，但是与 Merkle Tree 结合起来可以签名多个消息。这种方法成为一种高效的数字签名框架，即 Merkle 签名方法。
- P2P 网络：在 P2P 网络中，Merkle Tree 用来确保从其他节点接收的数据块没有损坏且没有被替换，甚至检查其他节点不会欺骗或者发布虚假的块。在 2.2 节中，我们提到了 BitTorrent 使用 P2P 技术来让客户端之间进行数据传输，一来可以加快数据下载速度，二来减轻下载服务器的负担。一个相关的问题是大数据块的使用，因为为了保持 torrent 文件非常小，那么数据块 Hash 的数量也得很小，这就意味着每个数据块相对较大。大数据块影响节点之间进行交易的效率，因为只有当大数据块全部下载下来并通过校验后，才能与其他节点进行交易。为解决上面两个问题：用一个简单的 Merkle Tree 代替 Hash List。设计一个层数足够多的满二叉树，叶节点是数据块的 Hash，不足的叶节点用 0 来代替。上层的节点是其对应孩子节点串联的 Hash。Hash 算法和普通 torrent 一样采用 SHA-1。

- 比特币：Merkle Proof最早的应用是Bitcoin（比特币），它是由中本聪在2009年描述并创建的。Bitcoin的Blockchain利用Merkle proofs来存储每个区块的交易。而这样做的好处也就是中本聪描述到的“简化支付验证”（Simplified Payment Verification，SPV）的概念：一个“轻客户端”（light client）可以仅下载链的区块头，即每个区块中的80字节的数据块，仅包含5个元素，而不是下载每一笔交易以及每一个区块。5个元素为上一区块头的Hash值、时间戳、挖矿难度值、工作量证明随机数（nonce）以及包含该区块交易的Merkle Tree的根Hash。

如果客户端想要确认一个交易的状态，它只需简单地发起一个Merkle Proof请求，这个请求显示出这个特定的交易在Merkle Tree的一个叶子节点之中，而且这个Merkle Tree的树根在主链的一个区块头中。但是Bitcoin的轻客户端有它的局限。一个局限是，尽管它可以证明包含的交易，但是它不能进行涉及当前状态的证明（如数字资产的持有、名称注册、金融合约的状态等）。Bitcoin如何查询你当前有多少币？一个比特币轻客户端可以使用一种协议，它涉及查询多个节点，并相信其中至少会有一个节点会通知你关于你的地址中任何特定的交易支出，而这可以让你实现更多的应用。但对于其他更为复杂的应用而言，这些是远远不够的。影响一笔交易的确切性质（precise nature），取决于此前的几笔交易，而这些交易本身则依赖于更为前面的交易，所以最终你可以验证整个链上的每一笔交易。

2.5.2 Merkle DAG

Merkle DAG的全称是Merkle Directed Acyclic Graph（默克有向无环图）。它是在Merkle Tree的基础上构建的，Merkle Tree由美国计算机学家Merkle于1979年申请了专利。Merkle DAG跟Merkle tree很相似，但不完全一样，比如Merkle DAG不需要进行树的平衡操作、非叶子节点允许包含数据等。Merkle DAG是IPFS的核心概念。Merkle DAG也是Git、Bitcoin和dat等技术的核心。散列树由内容块组成，每个内容块由其加密散列标识。你可以使用其散列引用这些块中的任何一个，这允许你构建使用这些子块的散列引用其“子块”的块树。ipfs add 命令将从你指定的文件的数据中创建 Merkle DAG。执行此操作时，它遵循 unixfs 数据格式。这意味着你的文件被分解成块，然后使用“链接节点”以树状结构排列，以将它们连接在一起。给定文件的“散列”实际上是 DAG 中根节点（最上层）的散列。

1. Merkle DAG 的功能

Merkle DAG 在功能上与 Merkle Tree 有很大不同，上面我们提到 Merkle Tree 主要是为了验证，例如验证数字签名，以及比特币 Merkle Proof。而对于 Merkle DAG，它的目的有如下 3 个。

- 内容寻址：使用多重 Hash 来唯一识别一个数据块的内容。
- 防篡改：可以方便地检查 Hash 值来确认数据是否被篡改。
- 去重：由于内容相同的数据块 Hash 值是相同的，很容易去掉重复的数据，节省存储空间。

其中第 3 条是 IPFS 系统最为重要的一个特性，在 IPFS 系统中，每个 Blob 的大小限制在 256KB（暂定为 256KB，这个值可以根据实际的性能需求进行修改）以内，那些相同的数据就能通过 Merkle DAG 过滤掉，只需增加一个文件引用，而不需要占据存储空间。

2. 数据对象格式

在 IPFS 中定义了 Merkle DAG 的对象格式。IPFS Object 是存储结构，我们前面提到 IPFS 会限制每个数据大小在 256KB 以内。在 IPFS Object 对象里，我们保存有两个部分，一个是 Link，用于保存其他的分块数据的引用；另一个是 data，为本对象内容。Link 主要包括 3 个部分，分别是 Link 的名字、Hash 和 Size，如以下代码所示。在这里 Link 只是对一个 IPFS Object 的引用，它不再重复存储一个 IPFS 对象了。

```
type IPFSObject struct {
    links []IPFSLink       // link数组
    data []byte            // 数据内容
}

type IPFSLink struct {
    Name string            // link的名字
    Hash Multihash         // 数据的加密哈希值
    Size int               // 数据大小
}
```

使用Git和Merkle DAG的集合会极大减少存储空间消耗。这是因为，对源文件的修改如果使用Merkle DAG来存储，那么修改的内容可能只是很少的一部分。我们不再需要将整个修改后的文件再做一次备份了。这也就是IPFS节省存储空间的原因。

2.6 本章小结

在这一章里，我们详细讨论了IPFS的几个基础性系统和数据结构，包括DHT、BitTorrent、Git和SFS，以及Merkle结构。DHT是本章的重点和难点，我们学习了3种著名的DHT设计，分别是Kademlia、Coral DSHT和S/K Kademlia。读者重点关注三者各自的侧重点和实现的区别。DHT是分布式存储的基本方式，Kademlia使得其完全去中心化，Coral提升了DHT的效率，而S/K Kademlia则大大提升了系统的安全性。BitTorrent协议应当重点关注其块交换协议的优化和经济学策略，对于不合作的节点，通过信用机制给出相应的惩罚，例如流量限制或者网络阻塞；在Filecoin的设计中，系统会没收它们的担保品。在Git版本控制系统中，只储存每个版本与原始版本的差异，而不做全部的拷贝。IPFS也是基于此原理，与现有文件系统相比，存储方式更节省空间。自验证文件系统的核心思想是在文件路径中隐含验证身份的密钥，IPFS系统也利用了这一方式，确保所有文件在同一命名空间下，同时不牺牲安全性。最后我们学习了Merkle数据结构，读者应重点关注Merkle Tree和Merkle DAG的区别和用途。

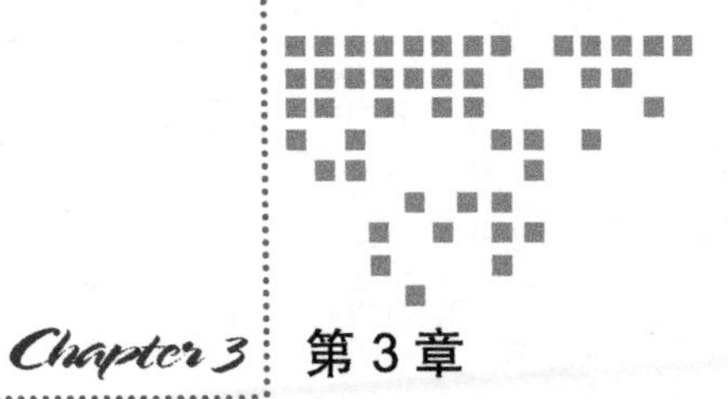

Chapter 3 第3章

IPFS协议栈

和HTTP类似，IPFS是基于TCP/IP的应用层协议，同时作为一个分布式的文件系统，IPFS提供了一个支持部署和写入的平台，能够支持大文件的分发和版本管理。IPFS协议栈由七层负责不同功能的子协议构成，如图3-1所示。

IPFS协议栈 IPFS PROTOCOL STACK	
身份层（Identity）	S/Kademlia算法增加创建新身份的成本 对等节点身份信息生成、验证
网络层（Network）	支持任意传输层协议、Overlay网络 WebRTC & ICE NET & NAT穿透
路由层（Routing）	分布式哈希表（DHT） 定位对等点和存储对象需要的信息
交换层（Exchange）	BitTorrent & BitSwap 保证节点网络稳定、激励交换数据行为
对象层（Object）	Merkle-DAG & IPLD 内容可寻址的不可篡改、去冗余的对象链接
文件层（File）	类似Git 版本控制的文件系统：blob,list,tree,commit
命名层（Naming）	具有SFS(Self-Certified Filesystems)& IPNS DNS TXT解析、Proquint可发音域名绑定

图3-1　IPFS协议栈

- 身份层：管理节点身份生成和验证。
- 网络层：管理与其他节点的连接，使用多种底层网络协议。
- 路由层：以分布式哈希表（DHT）维护路由信息以定位特定的对等节点和对象。响应本地和远端节点发出的查询请求。
- 交换层：一种支持有效块分配的新型块交换协议（BitSwap），模拟可信市场，弱化数据复制，防作弊。
- 对象层：具有基于 Merkle DAG 所构建的对象层，具有内容寻址、防冗余特性。
- 文件层：类似 Git 的版本化文件系统，支持 blob、commit、list、tree 等结构体。
- 命名层：具有自验特性的可变名称系统。

我们将在下面的小节中分别介绍每个子协议的构成。

3.1　身份层（Identity）

在 IPFS 网络中，所有的节点都通过唯一的 NodeId 进行标识，与 Bitcoin 的地址类似，NodeId 是一个公钥的哈希，为了增加攻击者的成本，IPFS 使用 S/Kademlia 中的算法增加创建新身份的成本。源码定义如下：

```
difficulty = <integer parameter>
n = Node{}
do {
    n.PubKey, n.PrivKey = PKI.genKeyPair()
    n.NodeId = hash(n.PubKey)
    p = count_preceding_zero_bits(hash(n.NodeId))
} while (p < difficulty)
```

每一个节点在 IPFS 代码中都由 Node 结构体来表示，其中只包含 NodeId 及一组公私钥对。

```
type NodeId Multihash
type Multihash []byte  // 自描述加密哈希摘要
type PublicKey []byte
```

```
type PrivateKey []byte // 自描述的私钥
type Node struct {
    NodeId NodeID
    PubKey PublicKey
    PriKey PrivateKey
}
```

身份系统的主要功能是标识 IPFS 网络中的节点。类似“用户”信息的生成。在节点首次建立连接时，节点之间首先交换公钥，并且进行身份信息验证，比如：检查 hash(other.PublicKey) 的值是否等于 other.NodeId 的值。如果校验结果不通过，则用户信息不匹配，节点立即终止连接。

IPFS 使用的哈希算法比较灵活，允许用户根据使用自定义。默认以 Multihash 格式存储，源码定义如下所示：

```
<function code><digest length><digest bytes>
```

该方式有两个优势：

- 根据需求选择最佳算法。例如，更强的安全性或者更快的性能。
- 随着功能的变化而演变，自定义值可以兼容不同场景下的参数选择。

3.2 网络层（Network）

IPFS 节点与网络中其他成千上万个节点进行连接通信时，可以兼容多种底层传输协议。接下来我们详细介绍 IPFS 网络堆栈的特点。

- 传输：IPFS 兼容现有的主流传输协议，其中有最适合浏览器端使用的 WebRTC DataChannels，也有低延时 uTP(LEDBAT) 等传输协议。
- 可靠性：使用 uTP 和 sctp 来保障，这两种协议可以动态调整网络状态。
- 可连接性：使用 ICE 等 NAT 穿越技术来实现广域网的可连接性。
- 完整性：使用哈希校验检查数据完整性，IPFS 网络中所有数据块都具有唯一的哈希值。

❑ 可验证性：使用数据发送者的公钥及HMAC消息认证码来检查消息的真实性。

IPFS几乎可以使用任意网络进行节点之间的通信，没有完全依赖于IP协议。IPFS通过multiaddr的格式来表示目标地址和其使用的协议，以此来兼容和扩展未来可能出现的其他网络协议。

```
# an SCTP/IPv4 connection
/ip4/10.20.30.40/sctp/1234/
# an SCTP/IPv4 connection proxied over TCP/IPv4
/ip4/5.6.7.8/tcp/5678/ip4/1.2.3.4/sctp/1234/
```

IPFS的网络通信模式是遵循覆盖网络（Overlay Network）的理念设计的。覆盖网络的模型如图3-2所示，是一种网络架构上叠加的虚拟化技术模式，它建立在已有网络上的虚拟网，由逻辑节点和逻辑链路构成。图中多个容器在跨主机通信的时候，使用Overlay Network网络模式。首先虚拟出类似服务网关的IP地址，例如10.0.9.3，然后把数据包转发到Host（主机）物理服务器地址，最终通过路由和交换到达另一个Host服务器的IP地址。

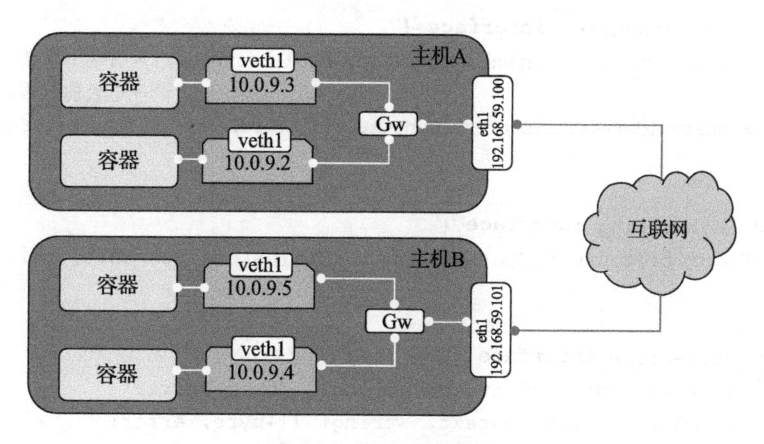

图3-2 覆盖网络模型

3.3 路由层（Routing）

IPFS节点需要一个路由系统，这个路由系统可用于查找同伴节点的网络地址；专门用于服务特定对象的对等节点。

IPFS 路由层数据结构使用基于 S/Kademlia 和 Coral 技术的分布式松散哈希表（DSHT），在第 2 章中具体介绍过。在设置数据对象大小和使用模式方面，IPFS 参考了 Coral 和 Mainline 设计思想，因此，IPFS 的 DHT 结构会根据所存储数据的大小进行区分：小的值（等于或小于 1KB）直接存储在 DHT 上；更大的值，DHT 只存储值索引，这个索引就是一个节点的 NodeId，该节点可以提供对该类型值的具体服务。DSHT 的接口位于 libP2P 模块中，如下：

```
type IpfsRouting interface {
    ContentRouting //内容路由
    PeerRouting    //节点路由：获取特定NodeId的网络地址
    ValueStore     //数据操作：对DHT中的元数据进行操作

    Bootstrap(context.Context) error
}

type ContentRouting interface {
    Provide(context.Context, *cid.Cid, bool) error // 声明这个节点可一个提供
                                                      一个大的数据
    FindProvidersAsync(context.Context, *cid.Cid, int) <-chan pstore.PeerInfo
}

type PeerRouting interface {
    FindPeer(context.Context, peer.ID) (pstore.PeerInfo, error)
}

type ValueStore interface {
    PutValue(context.Context, string, []byte) error
    GetValue(context.Context, string) ([]byte, error)
    GetValues(c context.Context, k string, count int) ([]RecvdVal, error)
}
```

从上述代码中可以看到，IPFS 的路由实现了 3 种基本功能：内容路由、节点路由及数据存储。这种实现方式降低了系统的耦合度，开发者可以根据自身业务需求自定义路由，同时不影响其他功能。

3.4 交换层（Exchange）

IPFS中的BitSwap协议是协议实验室的一项创新设计，其主要功能是利用信用机制在节点之间进行数据交换。受到BitTorrent技术的启发，每个节点在下载的同时不断向其他节点上传已下载的数据。和BitTorrent协议不同的是，BitSwap不局限于一个种子文件中的数据块。BitSwap协议中存在一个数据交换市场，这个市场包括各个节点想要获取的所有块数据，这些块数据可能来自文件系统中完全不相关的文件，同时这个市场是由IPFS网络中所有节点组成的。这样的数据市场需要创造加密数字货币来实现可信价值交换，这也为协议实验室后来启动Filecoin这样区块链项目埋下伏笔。关于Filecoin，将在第5章做具体介绍。

3.4.1 BitSwap协议

在IPFS中，数据的分发和交换使用BitSwap协议。BitSwap协议主要负责两件事情：向其他节点请求需要的数据块列表（want_list），以及为其他节点提供已有的数据块列表（have_list）。源码结构如下所示：

```
type BitSwap struct {
    ledgers map[NodeId]Ledger //节点账单
    active map[NodeId]Peer    //当前已连接的对等方
    need_list []Multihash     //此节点需要的块数据校验列表
    have_list []Multihash     //此节点已收到的块数据校验列表
}
```

当我们需要向其他节点请求数据块或者为其他节点提供数据块时，都会发送BitSwap message消息，其中主要包含了两部分内容：想要的数据块列表（want_list）及对应数据块。消息使用Protobuf进行编码。源码如下：

```
message Message {
message Wantlist {
message Entry {
        optional string block = 1;
        optional int32 priority = 2; //设置优先级，默认为1
```

```
            optional bool cancel = 3;      //是否会撤销条目
        }

        repeated Entry entries = 1;
        optional bool full = 2;
    }

    optional Wantlist wantlist = 1;
    repeated bytes blocks = 2;
}
```

在 BitSwap 系统中，有两个非常重要的模块——需求管理器（Want-Manager）和决策引擎（Decision-Engine）：前者会在节点请求数据块时在本地返回相应的结果或者发出合适的请求；而后者决定如何为其他节点分配资源，当节点接收到包含 want_list 的消息时，消息会被转发至决策引擎，引擎会根据该节点的 BitSwap 账单（将在 3.4.4 节介绍）决定如何处理请求。处理流程如图 3-3 所示。

通过图 3-3 的协议流程，我们可以看到一次 BitSwap 数据交换的全过程及节点的生命周期。在这个生命周期中，节点一般要经历 4 个状态。

- 状态开放（Open）：对等节点间开放待发送 BitSwap 账单状态，直到建立连接。
- 数据发送（Sending）：节点间发送 want_list 和数据块。
- 连接关闭（Close）：节点发送完数据后断开连接。
- 节点忽略（Ignored）：节点因为超时、自定义、信用分过低等因素被忽略。

结合对等节点的源码结构，详细介绍 IPFS 节点是如何找到彼此的。

```
type Peer struct {
    nodeid NodeId
    ledger Ledger //对等节点之间的分类账单
    last_seen Timestamp //最后收到消息的时间戳
    want_list []Multihash //需要的所有块校验
}
//协议接口：
```

```
interface Peer {
    open (nodeid : NodeId, ledger : Ledger);
    send_want_list (want_list : WantList);
    send_block(block: Block) -> (complete:Bool);
    close(final: Bool);
}
```

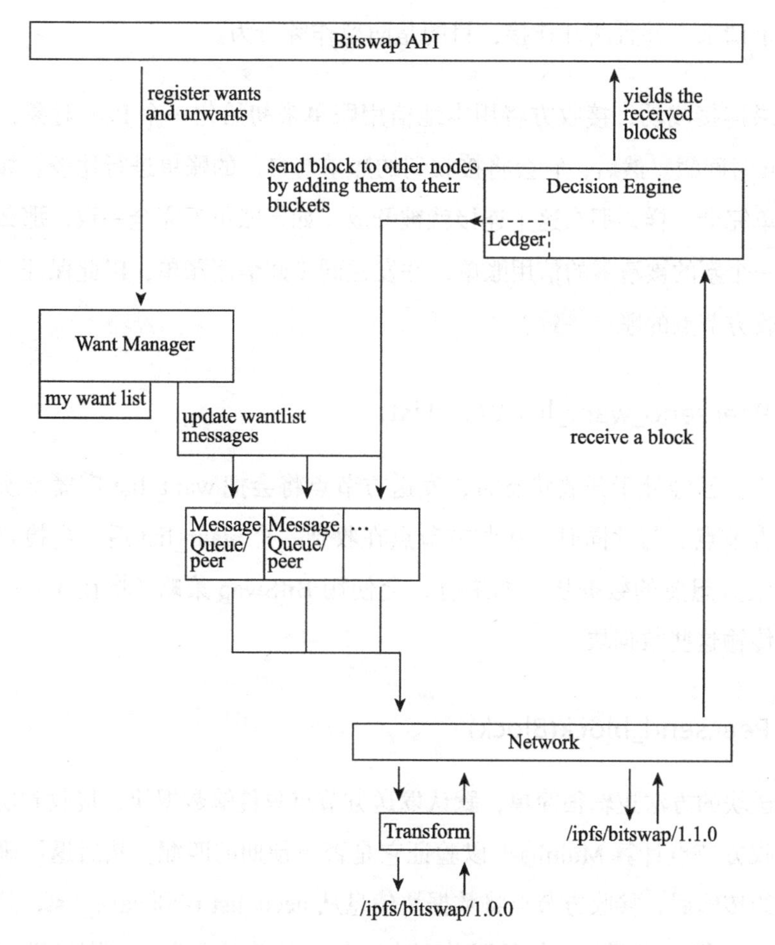

图 3-3　BitSwap 协议流程

1. Peer.open(NodeId, Ledger)

当节点建立连接时，发送方节点初始化 BitSwap 信用账单，保存一份对等方的账单或者创建一个新的被清零的信用账单，这取决于节点信用账单一致性。

之后，发送方节点将发送一个携带账单的 open 信息通知接收方节点，接收方节点接收到一个 open 信息之后，选择是否接受此连接。

如果接收方根据本地的信用账单数据，发现发送方是一个不可信的节点，例如传输超时、信用分较低、债务率较高等，则接收方会通过 ignore_cooldown 忽略这个请求，并且断开连接，目的是防范作弊行为。

如果连接成功，接收方将用本地信用账单来初始化一个 Peer 对象，并更新 last_seen 时间戳。然后，它会将接收到的账单与自己的账单进行比较。如果两个信用账单完全一样，那么这个连接就被开放；如果账单不完全一致，那么此节点会创建一个新的被清零的信用账单，并发送同步此信用账单，以此保证发送方节点和接收方节点的账单一致。

2. Peer.send_want_list(WantList)

当连接已经处于开放状态时，发送方节点将会把 want_list 广播给所有连接的接收方节点。与此同时，接收方节点在收到一个 want_list 后，会检查自身是否有接收方想要的数据块。如果有，会使用 BitSwap 策略（将在 3.4.3 节介绍）来发送传输这些数据块。

3. Peer.send_block(Block)

发送块的方法逻辑很简单，默认发送方节点只传输数据块，接收到所有数据后，接收方节点计算 Multihash 以验证它是否与预期的匹配，然后返回确认。在完成块的传输后，接收方节点将数据块信息从 need_list 移到 have_list，并且接收方和发送方都同步更新他们的账单列表。如果传输验证失败，则发送方可能发生故障或存在故意攻击接收方的行为，接收方可以拒绝进一步的交易。

4. Peer.close(Bool)

对等连接应该在两种情况下关闭：

- silent_wait已超时，但未收到来自对方的任何消息（默认BitSwap使用30秒），节点发出Peer.close（false）。
- 节点正在退出，BitSwap正在关闭，在这种情况下，节点发出Peer.close（true）。

对于P2P网络，有一个很重要的问题：如何激励大家分享自己的数据？用过迅雷、BitTorrent、emule等P2P软件的读者应该都知道，如果只下载不上传的话，很快你的节点就无法下载数据或者下载数据速度变得很慢。每一个P2P软件都有自己专属的数据分享策略，IPFS也不例外，其BitSwap的策略体系由信用、策略、账单三部分组成，接下来依次介绍这三部分内容。

3.4.2　BitSwap信用体系

BitSwap协议能够激励节点去分享数据，即使这个节点暂时没有数据需求。IPFS根据节点之间的数据收发建立了一个信用体系：有借有还，再借不难。

- 给其他节点发送数据可以增加信用值。
- 从其他节点接收数据将降低信用值。

如果一个节点只接收数据而不分享数据，信用值就会降得很低而被其他节点忽略掉。简单来说，其实就是你乐于分享数据，其他节点也乐于发送数据给你；如果你不愿意分享，那么其他节点也不愿意给你数据。

3.4.3　BitSwap策略

根据上面的信用体系，BitSwap可以采取不同的策略来实现，每一种策略都会对系统的整体性能产生不同的影响。策略的目标是：

- 节点数据交换的整体性能和效率力求最高。

- ❑ 阻止空载节点“吃白食”现象，即不能够只下载数据不上传数据。
- ❑ 可以有效地防止一些攻击行为。
- ❑ 对信任节点建立宽松机制。

IPFS 在白皮书中提供了一个可参考的策略机制（实际的实现可能有所变化）。每个节点根据和其他节点的收发数据，计算信用分和负债率（debt ratio,r）：

$$r = \text{bytes\_sent} / \text{bytes\_recv} + 1$$

这个是负债率的计算公式，比如说 A 和 B 两个节点，现在 A 在往 B 发送数据，如果 A 往 B 发得越多，那对 A 来讲，B 的负债率 r 就会很高。

下面这个公式是发送率的计算公式，节点根据负债率计算出来和这个节点的数据发送率（P）：

$$P(\text{send} \mid r) = 1 - (1/(1 + \exp(6 - 3r)))$$

可以看到，如果 r 大于 2 时，发送率 $P(\text{send} \mid r)$ 会变得很小，从而 A 就不会继续给 B 发送数据。如果 B 只收不发，权重就会迅速降低，就不会有人给他发送数据包了。这么做的好处是使网络更高效，大家都有收有发，不断做数据交换，达到一个比较健康的状态。

3.4.4 BitSwap 账单

BitSwap 节点会记录下来和其他节点通信的账单（数据收发记录）。账单数据结构如下：

```
type Ledger struct {
    owner NodeId
    partner NodeId
    bytes_sent int
    bytes_recv int
    timestamp Timestamp
}
```

这可以让节点追踪历史记录以及避免被篡改。当两个节点之间建立连接的时候，BitSwap会相互交换账单信息，如果账单不匹配，则直接清除并重新记账。恶意节点会“有意失去”这些账单，从而期望清除自己的债务。其他交互节点会把这些都记下来，如果总是发生，伙伴节点可以自由地将其视为不当行为，拒绝交易。

3.5 对象层（Object）

基于分布式哈希表DHT和BitSwap技术，IPFS目标是构造一个庞大的点对点系统，用于快速、稳定的存储和分发数据块。除此之外，IPFS还使用Merkle DAG技术构建了一个有向无环图数据结构，用来存储对象数据。这也是著名的版本管理软件Git所使用的数据结构。Merkle DAG为IPFS提供了很多有用的属性，包括：

- 内容可寻址：所有内容由多重哈希校验并唯一标识。
- 防止篡改：所有内容都通过哈希验证，如果数据被篡改或损坏，在IPFS网络中将会被检测到。
- 重复数据删除：保存完全相同内容的所有对象都是相同的，并且只存储一次。这对于索引对象特别有用。

Merkle DAG的对象结构定义如下所示：

```
type IPFSLink struct {
            Name string       // 此link的别名
            Hash Multihash // 目标的加密Hash
            Size int          // 目标总大小
    }

type IPFSObject struct {
        links []IPFSLink     // links数组
        data []byte          // 不透明内容数据
}
```

1. 路径

可以使用 API 遍历 IPFS 对象，路径与传统 UNIX 文件系统中的路径一样。Merkle DAG 链接使遍历变得简单，完整路径如下所示：

```
# format
/ipfs/<hash-of-object>/<name-path-to-object>
# example
/ipfs/XLYkgq61DYaQ8NhkcqyU7rLcnSa7dSHQ16x/foo.txt
```

也支持多哈希指纹的多级路径访问：

```
/ipfs/<hash-of-foo>/bar/baz
/ipfs/<hash-of-bar>/baz
/ipfs/<hash-of-baz>
```

2. 本地对象

IPFS 客户端需要一个本地存储器，一个外部系统可以为 IPFS 管理的对象存储及检索本地原始数据。存储器的类型根据节点使用案例而异。在大多数情况下，这个存储器只是硬盘空间的一部分（不是被本地的 leveldb 来管理，就是直接被 IPFS 客户端管理），在其他情况下，例如非持久性缓存，存储器就是 RAM 的一部分。

3. 对象锁定

希望对某个对象数据进行长期存储的节点可以执行锁定操作，以此保证此特定对象被保存在了该节点的本地存储器上，同时也可以递归地锁定所有相关的派生对象，这对长期存储完整的对象文件特别有用。

4. 发布对象

IPFS 旨在供成千上万用户同时使用。DHT 使用内容哈希寻址技术，使发布对象是公平的、安全的、完全分布式的。任何人都可以发布对象，只需要将对象的 key 加入 DHT 中，并且对象通过 P2P 传输的方式加入进去，然后把访问路径传给其他的用户。

5. 对象级别的加密

IPFS 具备可以处理数据对象加密的操作。加密对象结构定义如下：

```
type EncryptedObject struct {
    Object []bytes          // 已加密的原始对象数据
    Tag []bytes             // 可选择的加密标识
    type SignedObject struct {
    Object []bytes          // 已签名的原始对象数据
    Signature []bytes       // HMAC签名
    PublicKey []multihash // 多重哈希身份键值
}
```

加密操作改变了对象的哈希值，定义了一个新的不同对象结构。IPFS 自动的验证签名机制、用户自定义的用于加解密数据的私钥都为对象数据提供了安全保证。同时，加密数据的链式关系也同样被保护着，因为没有密钥就无法遍历整个链式对象结构。

3.6　文件层（File）

IPFS 还定义了一组对象，用于在 Merkle DAG 之上对版本化文件系统进行建模。这个对象模型类似于著名版本控制软件 Git 的数据结构。

- 块（block）：一个可变大小的数据块。
- 列表（list）：一个块或其他列表的集合。
- 树（tree）：块、列表或其他树的集合。
- 提交（commit）：树版本历史记录中的快照。

1. 文件对象：Blob

Blob 对象包含一个可寻址的数据单元，表示一个文件。当文件比较小，不足以大到需要分片时，就以 Blob 对象的形式存储于 IPFS 网络之中，如下所示：

```
{
    "data": "some data here",  //Blobs无links
}
```

2. 文件对象：List

List 对象由多个连接在一起的 Blob 组成，通常存储的是一个大文件。从某种意义上说，List 的功能更适用于数据块互相连接的文件系统。由于 List 可以包含其他 List，所以可能形成包括链接列表和平衡树在内的拓扑结构，如下所示：

```
{
    "data": ["blob", "list", "blob"], //标记对象类型的数组
    "links": [
    { "hash": "XLYkgq61DYaQ8NhkcqyU7rLcnSa7dSHQ16x",
    "size": 189458 },
    { "hash": "XLHBNmRQ5sJJrdMPuu48pzeyTtRo39tNDR5",
    "size": 19441 },
    { "hash": "XLWVQDqxo9Km9zLyquoC9gAP8CL1gWnHZ7z",
    "size": 5286 }
    ]
}
```

3. 文件对象：Tree

在 IPFS 中，Tree 对象与 Git 的 Tree 类似：它代表一个目录，或者一个名字到哈希值的映射表。哈希值表示 Blob、List、其他的 Tree 或 Commit，结构如下所示：

```
{
    "data": ["blob", "list", "blob"],//Tree有一个对象类型的数组作为数据
    "links": [
        { "hash": "XLYkgq61DYaQ8NhkcqyU7rLcnSa7dSHQ16x",
        "name": "less", "size": 189458 },
        { "hash": "XLHBNmRQ5sJJrdMPuu48pzeyTtRo39tNDR5",
        "name": "script", "size": 19441 },
```

```
        { "hash": "XLWVQDqxo9Km9zLyquoC9gAP8CL1gWnHZ7z",
        "name": "template", "size": 5286 }//tree是有名字的
    ]
}
```

4. 文件对象：Commit

在 IPFS 中，Commit 对象代表任何对象在版本历史记录中的一个快照。它与 Git 的 Commit 类似，但它可以指向任何类型的对象（Git 中只能指向 Tree 或其他 Commit）。

5. 版本控制：Commit

Commit 对象代表一个对象在历史版本中的一个特定快照。两个不同的 Commit 之间互相比较对象数据（和子对象数据），可以揭露出两个不同版本文件系统的区别。IPFS 可以实现 Git 版本控制工具的所有功能，同时也可以兼容并改进 Git。这块知识内容将作为实战项目，在第 8 章中进行详细介绍。

6. 文件系统路径

正如我们在介绍 Merkle DAG 时看到的，IPFS 对象在系统上的文件路径地址，可以通过外层接口调用输出。

7. 将文件分割成 List 和 Blob

版本控制和分发大文件最主要的挑战是：找到一个正确的方法来将它们分隔成独立的块。与其认为 IPFS 可以为每个不同类型的文件提供正确的分隔方法，不如说 IPFS 提供了以下的几个可选项：

- 使用 Rabin Fingerprints 指纹算法来定义比较合适的块边界。
- 使用 rsync 和 rolling-checksum 算法来检测块在版本之间的改变。

❑ 允许用户设定文件大小而调整数据块的分割策略。

8. 路径查找性能

基于路径的访问需要遍历整个对象图，检索每个对象需要在 DHT 中查找它的 Key 值，连接到节点并检索对应的数据块。这是一笔相当大的性能开销，特别是在查找的路径中具有多个子路径时。IPFS 充分考虑了这一点，并设计了如下的方式来提高性能。

❑ 树缓存（tree cache）：由于所有的对象都是哈希寻址的，它们可以被无限地缓存。另外，Tree 一般比较小，所以比起 Blob，IPFS 会优先缓存 Tree。

❑ 扁平树（flattened tree）：对于任何给定的 Tree，一个特殊的扁平树可以构建一个链表，所有对象都可以从这个 Tree 中访问得到。在扁平树中，name 就是一个从原始 Tree 分离的路径，用斜线分隔。

如图 3-4 所示对象关系示例图中的 ttt111 的扁平树结构如下：

```
{
    "data":["tree", "blob", "tree", "list", "blob" "blob"],
    "links": [
        { "hash": "<ttt222-hash>", "size": 1234
        "name": "ttt222-name" },
        { "hash": "<bbb111-hash>", "size": 123,
        "name": "ttt222-name/bbb111-name" },
        { "hash": "<ttt333-hash>", "size": 3456,
        "name": "ttt333-name" },
        { "hash": "<lll111-hash>", "size": 587,
        "name": "ttt333-name/lll111-name"},
        { "hash": "<bbb222-hash>", "size": 22,
        "name": "ttt333-name/lll111-name/bbb222-name" },
        { "hash": "<bbb222-hash>", "size": 22
        "name": "bbb222-name" }
    ]
}
```

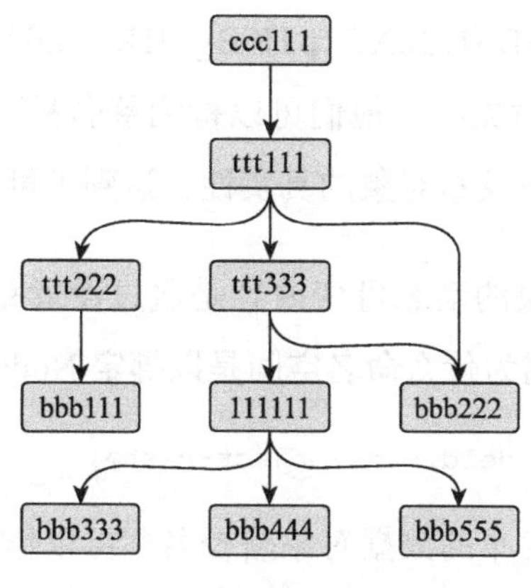

图 3-4　对象关系图示例

3.7　命名层（Naming）

3.7.1　IPNS：命名以及易变状态

IPFS 形成了一个内容可寻址的 DAG 对象，我们可以在 IPFS 网络中发布不可更改的数据，甚至可以跟踪这些对象的版本历史记录。但是，存在一个很严重的问题：当数据对象的内容更新后，同时发生改变的还有内容地址的名称。我们需要一种能在易变环境中保持固定名称的方案，为此，协议实验室团队为 IPFS 设计了 IPNS 星际文件命名系统模块。

3.7.2　自验证命名

使用自验证的命名方案给了我们一种在加密环境下、在全局命名空间中，构建可自行认证名称的方式。模式如下：

- 通过 NodeId = hash(node.PubKey)，生成 IPFS 节点信息。
- 给每个用户分配一个可变的命名空间，由之前生成的节点 ID 信息作为地址名称，在此路径下：/ipns/。
- 一个用户可以在此路径下发布一个用自己私钥签名的对象，比如：

/ipns/XLF2ipQ4jD3UdeX5xp1KBgeHRhemUtaA8Vm/。

- 当其他用户获取对象时，他们可以检测签名是否与公钥和节点信息相匹配，从而验证用户发布对象的真实性，达到了可变状态的获取。

值得注意的是，这块的动态可变内容是通过设置路由函数来控制的，通过这段源码我们也能了解到为什么命名空间是以绑定 NodeId 的形式来挂载的了。

```
routing.setValue(NodeId, <ns-object-hash>)
```

在命令空间中，所发布的数据对象路径名称可以作为子名称。

```
/ipns/XLF2ipQ4jD3UdeX5xp1KBgeHRhemUtaA8Vm/
/ipns/XLF2ipQ4jD3UdeX5xp1KBgeHRhemUtaA8Vm/docs
/ipns/XLF2ipQ4jD3UdeX5xp1KBgeHRhemUtaA8Vm/docs/ipfs
```

3.7.3 人类友好名称

虽然 IPNS 是重新命名地址的良好方式，但是对用户来说，却不是十分友好和利于记忆的，因为它使用很长的哈希值作为名称，这样的名称很难被记住。因此，IPFS 使用下面的技术来增加 IPNS 的用户友好度。

1. 对等节点链接

遵循自验证文件系统（SFS）的设计理念，用户可以将其他用户节点的对象直接链接到自己的命名空间下。这也有利于创建一个更可信的网络。

```
# Alice 链接到Bob上
ipfs link /<alice-pk-hash>/friends/bob /<bob-pk-hash>
# Eve 链接到Alice上
ipfs link /<eve-pk-hash/friends/alice /<alice-pk-hash>
# Eve 也可以访问Bob
/<eve-pk-hash/friends/alice/friends/bob
# 访问Verisign 认证域
/<verisign-pk-hash>/foo.com
```

2. DNS TXT IPNS 记录

我们也可以在现有的 DNS 系统中添加 TXT 记录，这样就能通过域名访问

IPFS 网络中的文件对象了。

```
# DNS TXT 记录
ipfs.benet.ai. TXT "ipfs=XLF2ipQ4jD3U ..."
# 表现为符号链接
ln -s /ipns/XLF2ipQ4jD3U /ipns/fs.benet.ai
```

IPFS 也支持可读标识符 Proquint，可以将二进制编码翻译成可读文件的方法，如下：

```
# proquint语句
/ipns/dahih-dolij-sozuk-vosah-luvar-fuluh
# 分解为相应的形式
/ipns/KhAwNprxYVxKqpDZ
```

除此之外，IPFS 还提供短地址的命名服务，类似我们现在看到的 DNS 和 WebURL 链接。

```
# 用户可以从下面获取一个link
/ipns/shorten.er/foobar
# 然后放到自己的命名空间
/ipns/XLF2ipQ4jD3UdeX5xp1KBgeHRhemUtaA8Vm
```

3.8　本章小结

本章主要深度剖析了 IPFS 的底层技术原理，对每一层子协议进行了更细粒度的模块解读。通过本章，我们可以清楚地理解 IPFS 的底层构成。其实，IPFS 本身是去中心化网络基础设施的一个大胆尝试，它的底层整合了一套可实现去中心化的、最先进的技术栈，很多不同类型的去中心化应用和网站都可以围绕 IPFS 的底层技术栈来构建。同时，它也可以用来作为一个全局的、挂载性、版本控制文件系统和命名空间，以及下一代的文件共享系统。其实，IPFS 的思想是几十年成功的分布式系统的探索和开源的产物，综合了很多迄今为止成功系统中的优秀思想，除了以 BitSwap 为代表的创新之外，IPFS 最大的特色就是系统的耦合度及协议栈设计的综合性。

Chapter 4 第 4 章

IPFS 模块解析

从这一章节开始，我们会详细讨论构成 IPFS 的其他工程模块库组成。在 IPFS 的诸多特性里，很多重要特性都是由 3 个工程模块库集成而来的，这 3 个组件分别是 Multiformat（自描述格式协议库）、libp2p（P2P 网络协议模块库）和 IPLD（数据结构模型库），它们被设计为轻耦合的堆栈模型，模块之间互相协同，也能保证一定的独立性。我们将在本章逐一介绍这几个工程模块的特性，让大家对 IPFS 的工程模块库有更加深入的了解。

4.1 Multi-Format

Multi-Format 是 IPFS 内的自描述格式协议组件，它是为了解决各种编程语言或数据类型难以详细区分而诞生的，其可以提高数据的可读性，并且能长期适应今后的开发趋势。它的方法是在数据上添加自描述的字段，那么只需要在字段上判断数据的属性即可。举个例子，同一个数据使用不同哈希算法得到的不同哈希值，在开发时将它们区分开比较复杂。那么我们可以在哈希值的前几位添加识别代号，通过识别代号就能判断它是 SHA-1 算法计算的结果还是 Blake2b-512 算法计算的结果。在表 4-1 中，我们列举了 Multi-Format 目前支持的 5 个协议，将来会有更多协议增加进来。

表 4-1　Multi-Format 支持的协议

Multi-Formats 协议名称	协 议 内 容
Multi-Hash	自描述哈希协议
Multi-Base	自描述编码协议
Multi-Addr	自描述网络地址协议
Multi-Codec	自描述序列化协议
Multi-Stream	自描述编码解码器

对于一个自描述协议，Multi-Formats 是怎么给出定义的呢？我们主要从 3 个方面考虑。

1）一个自描述文件或者变量，必须在它的值内描述自己，不能从函数、外带参数、文档甚至是隐式信息中体现。

2）考虑到效率，自描述协议必须保持数据的紧凑性。

3）自描述协议要有可读性。

在这一节，我们主要为大家介绍各类 Multi-Formats 的形式定义。与其他组件相比，它的实现相对简单。

4.1.1　Multi-Hash

Multi-Hash 实现了自描述哈希协议。我们知道，哈希算法对于那些大量使用密码学功能的系统非常重要。随着技术的进步，新型的攻击方式可能会令以前的加密方式不再安全，密码学也一直在往前发展。在早期，我们使用著名的 SHA-1 和 MD5 算法生成摘要，后来这一算法被我国科学家王小云老师攻破，被证明不再安全。当前大量使用的加密算法，如 SHA-256，可能会由未来新技术（如量子计算机）带来潜在威胁。为了使加密算法在量子计算下也是安全的，科学家又发明了 Latice-Space 算法。

在大型系统中，更改原有的加密方法会带来非常大的麻烦，甚至成为维护和开发人员的噩梦。维护系统时，一旦涉及加密算法的更新，就需要考虑诸多因素。例如，有多少部件把 Hash 函数默认为 SHA-1 函数；多少部件默认哈希值字长是 160 位；有哪些工具错误使用了新的加密方法而不报错。Multi-Hash 可以解决在系统升级过程中处理哈希算法的诸多麻烦。

使用了 Multi-Hash 就能简化上述过程。

- Multi-Hash 会提示用户，一些哈希值可能不再安全，有被破译的风险。
- 让更新哈希算法变得更简单，更容易规范化哈希算法的类型和哈希值的长度。
- 绝大多数工具不再需要对哈希做任何检查。

1. Multi-Hash 格式

Multi-Hash 的格式存有 3 类信息，分别是类型 type、长度 length 和哈希值 value。格式命名为模式（type-length-value）。3 类信息连接在一起的值就是 Multi-Hash。

```
<Multi-Hash> ::= <type-哈希类型><长度><哈希值>
```

- type 是无符号整型数，用于描述哈希函数类型。具体可以在 Multi-Hash 映射表查询与函数类型对应的 type。
- length 也是一个无符号整型数，用于描述这一摘要的字节长度。
- value 就是哈希值本身，其长度是 length 个字节。

我们从下面的例子讲解其组成。Multi-Hash 的结构是 type-length-value 三部分。这可以清晰地说明该值的长度及生成算法。同一数据通过不同的哈希函数进行编码，所得结果的长度是不相同的，因此需要添加字段特别说明。但是 Multi-Hash 只会在原有的哈希值长度下增加 2 字节，用于描述它的长度和类型。在下面的例子中我们给出的是同一个输入数据，用不同的哈希函数生成 Multi-Hash。下面的两个样例都是来自于同一字符串“ Hello IPFS!”，分别由 SHA-1 和 SHA2-512 生成哈希值。

其中，使用 SHA-1 算法生成的 Multi-Hash 结果一共占用 32 字节，其中 20 字节来源于 SHA-1 算法；而在第 2 个例子中，哈希值占用了 64 字节，哈希函数类型和长度各占 1 字节，故它的 Multi-Hash 结果占用 66 字节。

表 4-2 是“Hello IPFS!”在 SHA-1 下生成的 Multi-Hash。

表 4-2　SHA-1 生成 Multi-Hash 范例

事　项	内　容
Multi-Hash	111469a5a1f4551b82fdc55b9e41e944f29f1eedb3c2
哈希函数	SHA-1（十六进制编号：0X11）
长度	20 字节（十六进制编码：0x14）
哈希摘要	69a5a1f4551b82fdc55b9e41e944f29f1eedb3c2

表 4-3 是“Hello IPFS!”在 SHA2-512 下生成的 Multi-Hash。

表 4-3　SHA2-512 生成 Multi-Hash 范例

事　项	内　容
Multi-Hash	1340b27fbc12af704e1a83ea721beb31f3025279e58ee660f12fa7a2e2fa01091846aa4a8fc4d07b889d9c1bf0590252718d3cbaf66cd70b63f16dc114b7830f3d9c
哈希函数	SHA2-512（十六进制编号：0x13）
长度	64（十六进制编码：0x40）
哈希摘要	b27fbc12af704e1a83ea721beb31f3025279e58ee660f12fa7a2e2fa01091846aa4a8fc4d07b889d9c1bf0590252718d3cbaf66cd70b63f16dc114b7830f3d9c

如此，使用 Multi-Hash 编码的哈希，可以带来诸多好处。

1）拿到一个哈希值，直接通过阅读这个值的前两字节就能判断出它的加密方式。

2）更新系统的加密算法，使用 Multi-Hash 封装可以为以后升级带来便利。

3）不占用太多额外的空间。

2. Multi-Hash 函数类型表

Multi-Hash 记录了 100 余种常见的哈希类型，这些哈希算法名称和十六进制编号可以通过表格查询。如表 4-4 所示，Multi-Hash 预先提供了一个默认表格。当然用户也可以根据自己的需求，在 Multi-Hash 的配置文件中修改该表格。

表 4-4 Multi-Hash 函数类型表

哈希算法名称	十六进制代码	描 述
md4	0xd4	
md5	0xd5	
Sha-1	0x11	
Sha2-256	0x12	
Sha2-512	0x13	
dbl-Sha2-256	0x56	
Sha3-224	0x17	
Sha3-256	0x16	
Sha3-384	0x15	
Sha3-512	0x14	
shake-128	0x18	
shake-256	0x19	
keccak-224	0x1A	keccak 输出长度是可变的
keccak-256	0x1B	
keccak-384	0x1C	
keccak-512	0x1D	
blake2b-8	0xb201	blake2b 算法有 64 种输出长度
blake2b-16	0xb202	
blake2b-24	0xb203	
blake2b-32	0xb204	

4.1.2 Multi-Base

Multi-Base 是自描述基础编码协议，用于保存数据并描述该数据是如何编码的。我们知道，目前网络环境中各类编码方式大多是不可读的，需要解码以后才能获得内容。目前的系统在处理编码类型时，要权衡网络传输或者编码的可读性，Multi-Base 可以自由选择输入和输出的编码类型。因为 Multi-Base 是自描述的，其他程序也能通过该值获取到其编码类型，这样能减少开发代码的复杂度。

1. Multi-Base 格式

Multi-Base 的格式存有两类信息，分别是编码代号 type 和编码数据 value。此处不再需要给出长度了，并且只需要 1 字节来区分各种类型，因为常见的基础编码方式并不多。

```
<Multi-Base> ::= <type编码类型><编码内容>
```

- type 是由 8 位编码的无符号整型数组成的，用于描述编码类型。编码类型映射表格可以在表 4-4 所示的类型表中查询。
- value 是编码内容。

我们在此给出两个样例，以解释 Multi-Base 的编码方式。表 4-5 中所示样例一是由十六进制大写字母编码，查询表 4-6 我们得到对应表中第 5 行 Base16 的 type 编码为 F。其 Multi-Base 将 type 与编码内容连接，即如表 4-5 中第 1 行所示。

样例二中，为由 rfc4648 编码的无填充十六进制字符，查表 4-6 可知其编码为 B。组合连接后，我们就可以得到其 Multi-Base 编码，如表 4-5 中第 4 行所示。

表 4-5　Multi-Base 样例

序号	事项	内　　容
例一	Multi-Base	F4D756C746962617365206973206177657336F6D6521205C6F2F
	编码类型	十六进制（Multi-Base 编码：F）
	编码内容	4D756C746962617365206973206177657336F6D6521205C6F2F
例二	Multi-Base	BJV2WY5DJMJQXGZJANFZSAYLXMVZW63LFEEQFY3ZP
	编码类型	rfc4648 无填充的十六进制字符（Multi-Base 编码：B）
	编码内容	JV2WY5DJMJQXGZJANFZSAYLXMVZW63LFEEQFY3ZP

2. Multi-Base 函数类型表

使用 Multi-Base 编码后，开发者可以非常便捷地分辨出各类编码方式，并且能通过调用 Multi-Base 在各类编码方式中转换。我们在下面给出完整的 Multi-Base 映射检索表，供读者参考，如表 4-6 所示。

表 4-6 Multi-Base 表格

名　称	8-bit 二进制代码	描　述
base1	1	一元形式（11111）
base2	0	二进制（01010101）
base8	7	八进制
base10	9	十进制
base16	f	十六进制
base16upper	F	十六进制
base32hex	v	rfc4648 无填充字符
base32hexpad	t	rfc4648 有填充字符
base32	b	rfc4648 无填充字符
base32upper	B	rfc4648 无填充字符
base32pad	c	rfc4648 有填充字符
base32z	h	z-base-32
base58flickr	Z	base58 flicker
base58btc	z	base58 bitcoin
base64	m	rfc4648 无填充字符
base64url	u	rfc4648 无填充字符

4.1.3 Multi-Addr

Multi-Addr 与前几类类似，我们在搭建应用时，对地址也需要额外的代码来详细解释。例如，我们需要说明一个地址究竟是 IPv4 地址还是 IPv6 地址？是 TCP 协议还是 UDP 协议？而 Multi-Addr 组建就是为了把自描述的信息添加在地址数据中。Multi-Addr 分为两个版本，一类为具有可读性的 UTF-8 编码的版本，用于向用户展示；一类是十六进制版本，方便网络传输。

1. Multi-Addr 格式

首先我们了解一下具有可读性的 UTF-8 版本的 Multi-Addr，如表 4-7 所示。Multi-Addr 的格式也有两类信息，分别是地址类型代号 type 和编码数据 value，每个 Multi-Addr 都由 type/value 形式循环表示，形如：/ 地址类型代号 / 地址 / 地址类型代号 / 地址。

type和value都由字符串表示。如表4-7所示，其中的链接地址描述的是IPv4地址127.0.0.1，使用UDP协议连接，连接端口为1234。可读Multi-Address使用UTF-8编码，其Multi-Address如下。

```
<UTF-8 Multi-Address> ::= /<UTF-8 type-地址类型>/<UTF-8地址>
```

表4-7 UTF-8可读性Multi-Addr样例

事 项	内 容
可读UTF-8 Multi-Addr	/ip4/127.0.0.1/udp/1234
第一级地址类型	IPv4(代号ip4)
第一级地址	127.0.0.1
第二级地址类型	UDP协议
第二级地址	1234端口

Multi-Addr同样提供了机读版本，用于网络传输。与UTF-8可读版本不同的是，机读版本按照十六进制编码，形式也与上述类似。Multi-Addr的机读格式也是有两类信息，分别是地址类型代号type和链接地址。Type代号可以在Multi-Codec表中查询。

```
<机读Multi-Address> ::= /<十六进制 type-地址类型>/<十六进制地址>
```

我们同样针对上面提到的Multi-Addr样例给出其机读格式，如表4-8所示。其UTF-8形式：/ip4/127.0.0.1/udp/1234。我们首先在表4-9中查找IPv4对应的代码，在第1行我们得到IPv4对应代码为04，其地址长度为32位。127.0.0.1这一IPv4地址，每一部分分别对应它的十六进制表示，分别为7f 00 00 01。第2级地址是UDP协议，其端口为1234。我们查询表4-9的第三行，UDP协议对应十进制Multi-Addr代码为17，其十六进制为0x11；端口号1234的十六进制代码为04 d2。由此，我们给出机读十六进制表示的Multi-Addr。

表4-8 机读Multi-Addr样例

事 项	内 容
机读Multi-Addr	04 7f 00 00 01 11 04 d2
可读UTF-8 Multi-Addr	/ip4/127.0.0.1/udp/1234

（续）

第 1 级地址类型	IPv4，机读代号十六进制 04
第 1 级地址	127.0.0.1 的十六进制表示，7f 00 00 01
第 2 级地址类型	UDP 协议，机读十六进制 11
第 2 级地址	1234 端口，十六进制表示 04 d2

机读 Multi-Address 格式与可读格式可以相互转换。

2. Multi-Addr 函数类型表

表 4-9 就是上文提到的 Multi-Address 表。这一默认表格已经整合到 Multi-Formats 中，通常无须修改。大多数情况，我们完全可以使用可读格式。如果涉及传输，可以相互转换。

表 4-9 Multi-Addr 表格

十进制代码	长度	名称	补 充
4	32	ip4	
6	16	tcp	
17	16	udp	
33	16	dccp	
41	128	ip6	
42	V	ip6zone	rfc4007 IPv6
53	V	dns	保留
54	V	dns4	
55	V	dns6	
56	V	dnsaddr	
132	16	sctp	
301	0	udt	
302	0	utp	
400	V	unix	
421	V	p2p	首选 /ipfs
421	V	ipfs	向下兼容，等价于 P2P
444	96	onion	

（续）

十进制代码	长度	名称	补　充
460	0	quic	
480	0	http	
443	0	https	
477	0	ws	
478	0	wss	
479	0	p2p-websocket-star	
275	0	p2p-webrtc-star	
276	0	p2p-webrtc-direct	
290	0	p2p-circuit	

4.1.4 Multi-Codec

我们前面提到了，针对 Multi-Hash、Multi-Base、Multi-Addr 等各类 Multi-Formats，程序互通的前提就是各程序使用的是同一个内容识别符映射规则。Multi-Codec 就是为了使得数据更加紧凑地自描述的编码解码器。其整体思路与前几个 Multi-Formats 相同。除了定义了 Multi-Hash、Multi-Addr、Multi-Base 等数据类型以外，Multi-Codec 还定义了 JSON 文件类型、压缩类型、图片类型及 IPLD。考虑到今后 IPFS 可能作为多种区块链的存储方案，Multi-Codec 同样将目前主流区块链的交易和区块加入其中。Multi-Codec 定义形式与前面提到的 3 种类似，为 Multi-Codec type+ 编码数据。

```
<Multi-Codec> ::= /<十六进制 type >/<数据内容>
```

值得一提的是，Multi-Codec 与前面几类 Multi-Formats 是相互兼容的，如果出现 Multi-Codec 与 Multi-Addr 混用的情况，它们之间也不会出现冲突。这是因为在设计 Multi-Codec 表格时，已经考虑避开了前面已经占用的代码。Multi-Hash、Multi-Base 和 Multi-Addr 中占用的代码，在 Multi-Codec 中表示相同的含义。为了便于区分，Multi-Codec 也为它们保留了特定的 type 名。

我们用如下一个例子具体说明 Multi-Codec 与其他 Multi-Formats 的兼容性，表 4-10 所示表示一个 IPv4 地址 127.0.0.1，UDP 端口 1234 的连接信息。自上到下，分别是它的 Multi-Addr 机读编码、Multi-Codec 的标准编码。

表 4-10 Multi-Addr 与 Multi-Codec 的兼容性

名　称	内　容
Multi-Addr	0x 04 7f 00 00 01 11 04 d2
Multi-Codec	0x 32 04 7f 00 00 01 11 04 d2

使用 Multi-Addr 编码的机读方式我们在 4.1.3 已经提到过了。对于 Multi-Codec 标准编码，我们需要说明数据类型代号以及数据内容。这里的 Multi-Codec 定义的是一个 Multi-Addr 地址，我们找到表 4-11 的末尾，Multi-Addr 的十六进制代码为 0x32。紧接着，后面便是一个完整的 Multi-Addr 数据，Multi-Codec 编码协议里面包含了 Multi-Addr 的完整信息。同样，Multi-Codec 通过保留其他格式的代号，来兼容其他的协议。无论是直接调用 Multi-Codec 还是通过递归调用，都可以进行兼容处理。

我们接下来介绍 Multi-Codec 映射表格，这里我们给出了表格的一部分。如表 4-11 所示。我们之前提到了，Multi-Codec 定义了多种类型的数据，包括原始数据、IPLD 数据、区块链数据、序列化数据和 Multi-Formats。表 4-11 中列出了常用的数据类型。

表 4-11 Multi-Codec 表格

名　称	描　述	代码	数据类型
raw	原始二进制数据	0x55	二进制
dag-pb	MerkleDAG protobuf 格式	0x70	IPLD
dag-cbor	MerkleDAG cbor 格式	0x71	IPLD
dag-json	MerkleDAG json 格式	0x129	IPLD
git-raw	原始 Git 对象	0x78	IPLD
eth-block	Ethereum 区块（RLP）	0x90	IPLD
eth-block-list	Ethereum 区块列表（RLP）	0x91	IPLD

（续）

名　称	描　述	代码	数据类型
eth-tx-trie	Ethereum 交易 Trie（Eth-Trie）	0x92	IPLD
eth-tx	Ethereum 交易（RLP）	0x93	IPLD
eth-tx-receipt-trie	Ethereum 交易收据信息 Trie（Eth-Trie）	0x94	IPLD
eth-tx-receipt	Ethereum 交易收据信息（RLP）	0x95	IPLD
eth-state-trie	Ethereum State Trie（Eth-Secure-Trie）	0x96	IPLD
eth-account-snapshot	Ethereum Account Snapshot（RLP）	0x97	IPLD
eth-storage-trie	Ethereum Contract Storage Trie（Eth-Secure-Trie）	0x98	IPLD
bitcoin-block	Bitcoin 区块	0xb0	IPLD
bitcoin-tx	Bitcoin 交易	0xb1	IPLD
zcash-block	Zcash 区块	0xc0	IPLD
zcash-tx	Zcash 交易	0xc1	IPLD
stellar-block	Stellar 区块	0xd0	IPLD
stellar-tx	Stellar 交易	0xd1	IPLD
decred-block	Decred 区块	0xe0	IPLD
decred-tx	Decred 交易	0xe1	IPLD
dash-block	Dash 区块	0xf0	IPLD
dash-tx	Dash 交易	0xf1	IPLD
torrent-info	Torrent 信息文件（bencoded 编码）	0x7b	IPLD
torrent-file	Torrent 文件（bencoded 编码）	0x7c	IPLD
cbor	CBOR	0x51	序列化数据
bson	Binary JSON	0x	序列化数据
ubjson	通用二进制 JSON	0x	序列化数据
protobuf	Protocol Buffers	0x50	序列化数据
capnp	Cap-n-Proto	0x	序列化数据
flatbuf	FlatBuffers	0x	序列化数据
rlp	递归的长度前缀	0x60	序列化数据
msgpack	MessagePack	0x	序列化数据
binc	Binc 编码	0x	序列化数据
bencode	bencode 编码	0x63	序列化数据

（续）

名 称	描 述	代码	数据类型
Multicodec	Multi-Codec 编码	0x30	Multi-Formats
Multihash	Multi-Hash 编码	0x31	Multi-Formats
Multiaddr	Multi-Addr 编码	0x32	Multi-Formats
Multibase	Multi-Base 编码	0x33	Multi-Formats

4.1.5 Multi-Stream

Multi-Stream 是自描述编码流协议，用于实现自描述的位串，其主要场景是在网络中传输。在进行过 Multi-Stream 编码后，编码流能实现自我描述的功能。

Multi-Stream 包含 3 个字段，分别为流长度、Multi-Codec 类型和编码数据本身，之间使用两个分隔符分隔开。其定义如下所示：

```
<Multi-Codec> ::= <流长度length>/<Multi-Codec type>\n<编码数据>
```

4.2 libp2p

libp2p 是 IPFS 协议栈工程实现中最为重要的模块。如图 4-1 所示，libp2p 负责 IPFS 数据的网络通信、路由、交换等功能。2018 年 7 月，协议实验室在全球 IPFS 开发者大会上将 libp2p 提升为一级项目，与 IPFS 和 Filecoin 比肩。libp2p 是 IPFS 与 Filecoin 的基础设施，而且，libp2p 有潜力成为未来点对点传输应用、区块链和物联网的基础设施。它高度抽象了主流的传输协议，使得上层应用搭建时完全不必关注底层的具体实现，最终实现跨环境、跨协议的设备互联。

图 4-1 libp2p 在 IPFS 协议栈中的功能

本节将围绕 libp2p 的 Go 实现（go-libp2p 是其第一个产品库，也是实现最全面的一个库），对 libp2p 的功能特性、核心原理、应用场景做一个全面的介绍。

4.2.1 libp2p 的功能

libp2p 能帮助你连接各个设备节点的网络通信库，即：任意两个节点，不管在哪里，不管处于什么环境，不管运行什么操作系统，不管是不是在 NAT 之后，只要它们有物理上连接的可能性，那么 libp2p 就会帮你完成这个连接。同时，libp2p 还是一个工具库。我们平常在做软件开发的时候，不仅要关注底层（例如：TCP 连接），还需要关注连接状态等信息。libp2p 抽象集成了所有开发者基本都需要的一些工具属性功能，如图 4-2 所示。这些工具的功能主要包括：节点之间的链接复用；节点信息之间的互相交换；指定中继节点；网络地址转换（NAT）；分布式哈希表（dht）寻址；消息往返时延（RTT）统计等。

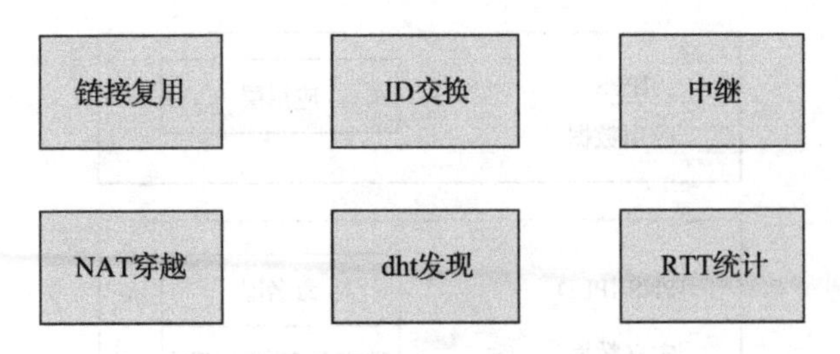

图 4-2 libp2p 工具库

对于整个 IPFS 协议来说，libp2p 处于非常重要的一个模块，这是因为在研发 IPFS 的时候，遇到了大量的异构设备，这些设备上运行着不同的操作系统，硬件和网络环境非常复杂。比如在我国的网络环境下，需要多种 NAT 穿越；还有某些场景下，可能用不了 TCP 连接，同时也存在协议变迁的情况。因此，协议实验室需要为 IPFS 和 Filecoin 打造一个健壮的网络层软件设施。大家如果对 IPFS 的源码有过研究，就会发现 IPFS 的很多功能就是对 libp2p 的一个简单抽象与包装。换句话说，如果你有一些新的想法，完全可以基于 libp2p 库实现一个新的 IPFS 或者其他分布式系统。

libp2p 的功能目标很远大，但是协议实验室和开源社区的贡献者目前只实现了一部分功能，不过已经可以满足 IPFS 的使用了。图 4-3 列出了一些 libp2p 功能实现的目标和现状，方便大家区分和使用。

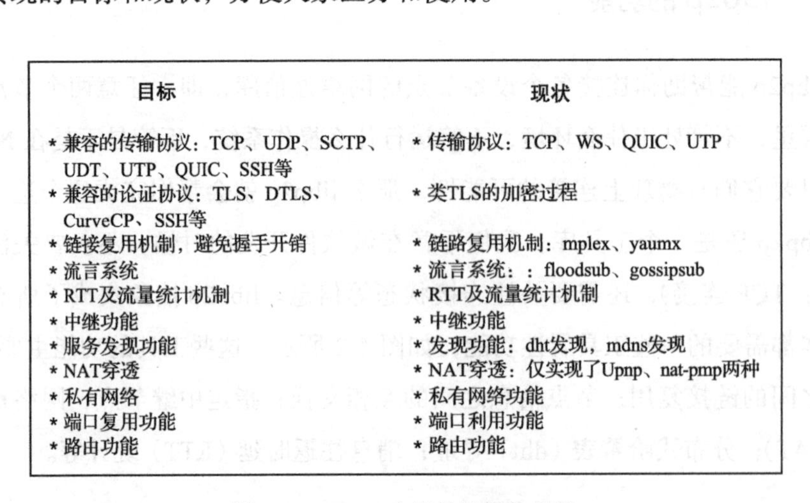

目标	现状
* 兼容的传输协议：TCP、UDP、SCTP、UDT、UTP、QUIC、SSH等	* 传输协议：TCP、WS、QUIC、UTP
* 兼容的论证协议：TLS、DTLS、CurveCP、SSH等	* 类TLS的加密过程
* 链接复用机制，避免握手开销	* 链路复用机制：mplex、yaumx
* 流言系统	* 流言系统：：floodsub、gossipsub
* RTT及流量统计机制	* RTT及流量统计机制
* 中继功能	* 中继功能
* 服务发现功能	* 发现功能：dht发现，mdns发现
* NAT穿透	* NAT穿透：仅实现了Upnp、nat-pmp两种
* 私有网络	* 私有网络功能
* 端口复用功能	* 端口利用功能
* 路由功能	* 路由功能

图 4-3 libp2p 功能的目标与现状

4.2.2　libp2p 核心原理

1. libp2p 核心组件

要了解 libp2p 的原理，需要先了解 libp2p 的核心组件及其关系，如图 4-4 所示。第 1 层是接口层，它帮我们实现了 ID-service、pub-sub、dht、ping 偏应用属性的功能接口，开发人员只需关注这一层，即可快速上手，使用 libp2p 进行开发。第 2 层是 host 层，分为 routed host 和 basic host，这两个 host 是互相继承关系，routed 是 basic 的一个扩展实现。在 libp2p 中，一个 host 代表一个节点，所以在 IPFS 中，以 host 为单位进行数据分发与传输。接下来，我们将以 host 层为顶，自底向上逐一介绍 libp2p 的核心组件。

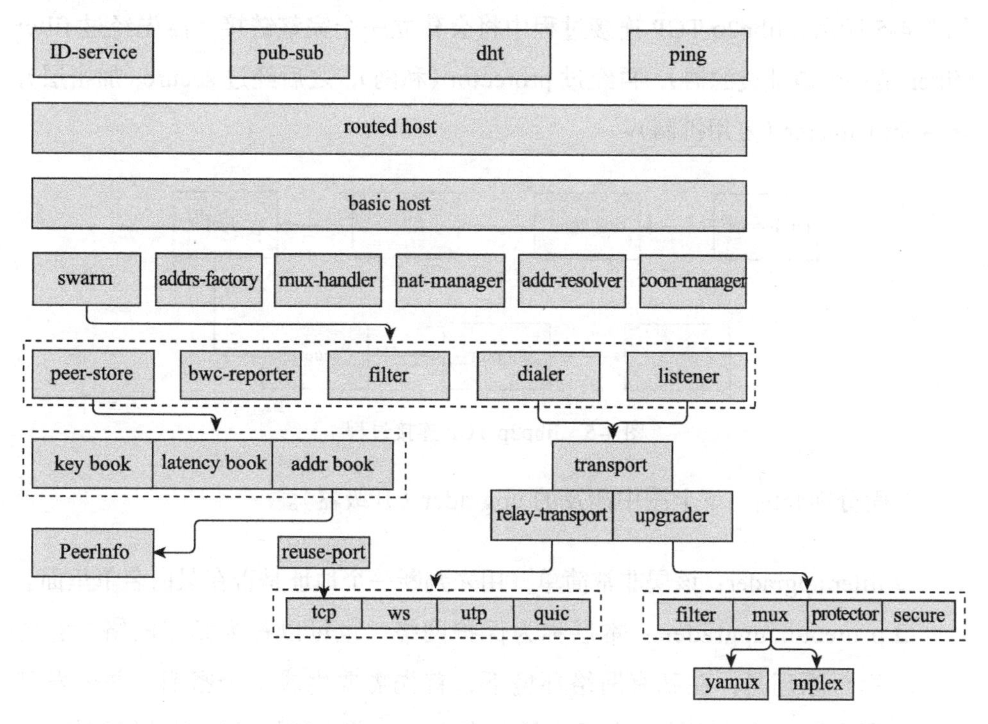

图 4-4　libp2p 核心组件关系

（1）transport（传输层）

它位于应用层和传输层中间，将 Websocket、TCP、UTP、Quic 等主流传输协议封装起来。这有两个好处，一是需要兼容目前主流的传输协议，但随着技术的发展，协议是不断演进的，我们都想尽可能地把一些协议演进的变化放入一个专门的模块来适配；二是现有的传输 IP 地址和协议是分开进行的，P 传输层的核心是把 IP 地址和传输协议抽象为一个统一的接口，对外只要匹配好接口就可以按照原来的方式使用。这也是用 libp2p 来搭建 P2P 网络会更快、更简单的原因。它大大简化了开发者的使用。

(2) upgrader（升级器）

在 HTTPS 协议中，底层是 TCP，上面加了一个加密套接字层，其实这个加密套接字层就是 upgrader。但是在 libp2p 中，它的功能更多一些，有 4 层。如图 4-5 所示，libp2p TCP 连接过程中将会建立一个完整链接，需先经过 filter（filter 是一个地址过滤器），再经过 protector（私网），之后经过 secure（加密层），最后经过 muxer（复用机制）。

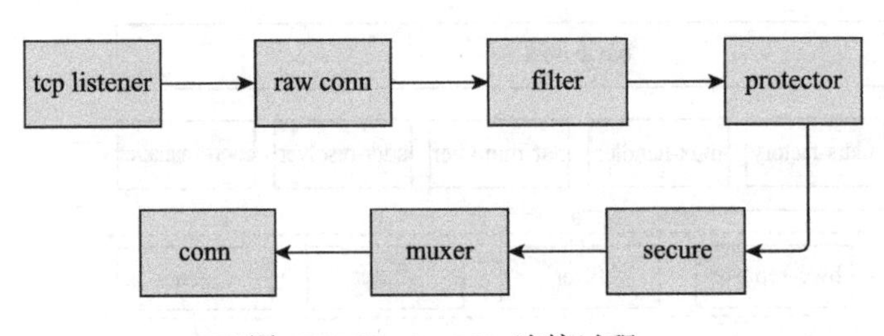

图 4-5 libp2p TCP 连接过程

下面分别介绍一下上图中涉及的 upgrader（升级器）。

- filter upgrader：该层非常简单，用来判断一个地址是否在黑白名单里面。
- protector upgrader：本层称为保护网络，也可以称为私有网络。它的运行原理是，在私有网络环境下，首先需要生成一个密钥，并分发到所有需要连接到该私有网络的节点之中。节点使用该密钥进行初始化。通信的时候，节点之间首先互相交换一个随机数，再利用该随机数和密钥来加密数据传输。私有网络是通过密钥进行连接的，如果没有密钥，则无法连接进行通信。

- secure upgrader：该层类似 TLS 的加密链接层。目前使用的加密方式有对称加密和非对称加密两种。非对称加密用来握手，对称加密用来加密信道。例如，节点之间的三次握手，第 1 次握手互换信息（公钥、nonce、节点支持的非对称加密的列表和对称加密列表、支持的哈希方式列表）。完成协商之后开始第 2 次握手，交换信息（临时密钥、签名信息），根据对方的公钥进行加密；对方收到数据后使用自己的私钥去解密即可。至此，节点之间就完成了可用的通信密钥交换。第 3 次握手验证信息，验证双方有没有按照正确的方式完成信息交换。
- mux upgrader：链路复用层，顾名思义其功能是复用链路，在一个链路上可以打开多个链接。

（3）relay transport

它对中国的部分场景是非常有用的，主要涉及 NAT 的问题。中继（relay transport）的实现方案如图 4-6 所示，该图所示为 libp2p 的中继方案实现方式。值得注意的一点是：不管中继 listener 监听到了多少个物理链接，底层对应的都是一个物理链接，所以在中继场景下的链接都是轻量级的。

（4）peerstore

Peerstore 结构如图 4-7 所示。peerstore 类似于生活中的电话本，记录了所有“联系人”相关信息，比如：key book 记录公私钥信息；metrics 记录链接的耗时时间。通过加权平均值的方式对改节点进行评估。addr book 是地址信息，默认实现里面带超时的地址信息。当然这个超时时间可以设为零。最后 data store 起到给地址打标签的作用。

（5）swarm

swarm 是 libp2p 的核心组件之一，因为它是真正的网络层，如图 4-8 所示。所有与网络相关的组件全部位于 swarm 组件里面，地址簿、链接、监听器等组件都在这里进行管理。swarm 有回调机制，当有一个新的 stream 进来，调用中转函数进行逻辑处理。transport 管理功能可对多种 transport 管理，以实现更灵活的功能。dialer 是拨号器，它包含 3 种拨号器：同步拨号器、后台限制拨号器和有限制的拨号器。3 种拨号器共同完成整个拨号的过程。

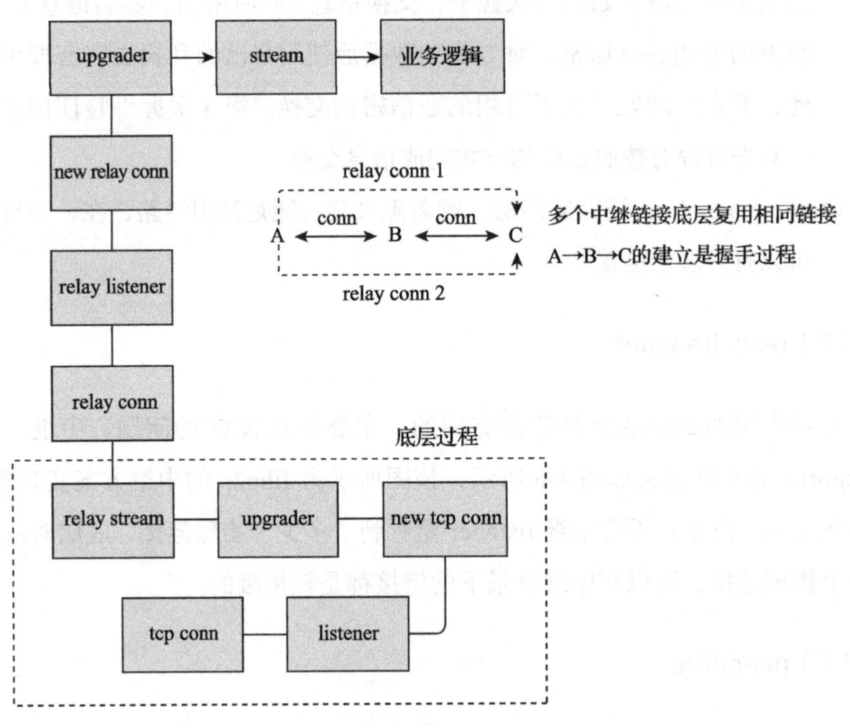

图 4-6 libp2p 中继方案实现方式

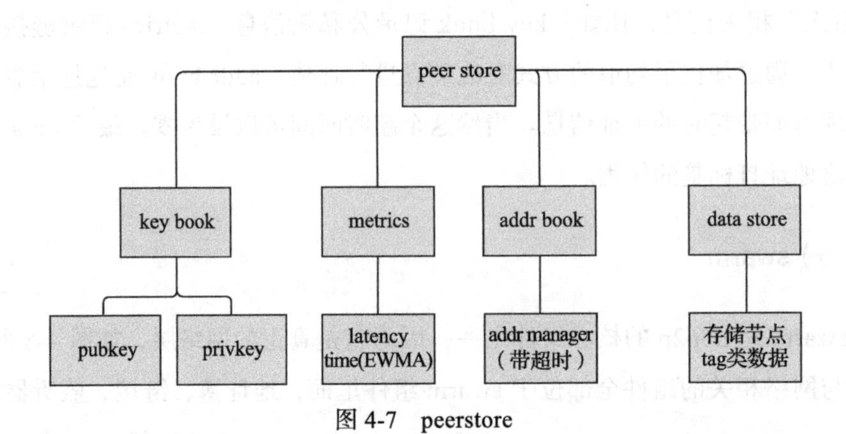

图 4-7 peerstore

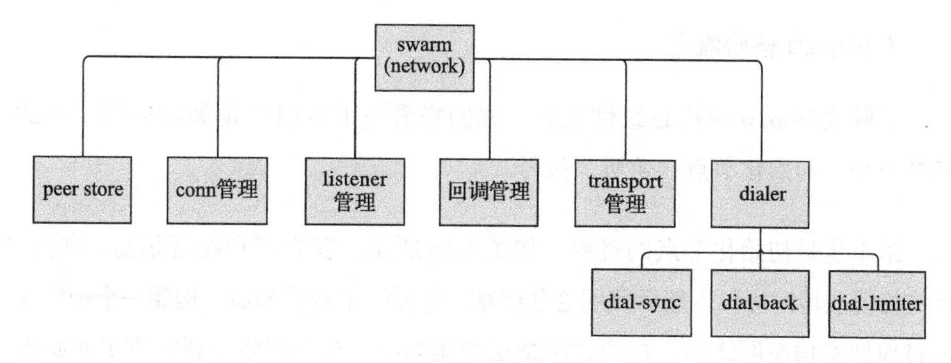

图 4-8　swarm

（6）NAT

在各种负载的网络环境下，NAT（Network Address Translation，网络地址转换）是大家都比较关注的功能，从目前实现方式来看，NAT 实际完成的是网络地址映射功能。该功能允许处于内网的网络设备充当服务器，可以被网络上其他设备访问。但是，实际中的网络非常复杂，NAT 并不总能成功。目前 libp2p 实现了两种协议：Upnp 和 NAT-pmp，且在仅有一层 NAT 的时候有可能成功。

（7）host

host 层是我们操作和使用 libp2p 的核心支持，如图 4-9 所示。它由上述所介绍的网络层 swarm 模块、负责身份互换的 ID-service、映射管理器 nat-manager 和链接管理器 conn-manager 组成。

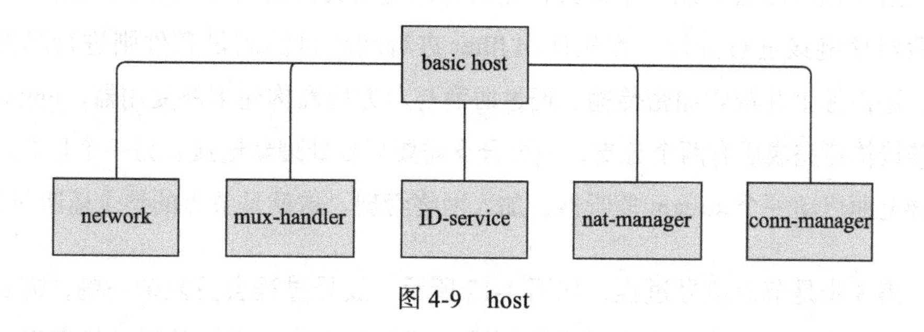

图 4-9　host

2. libp2p 核心流程

了解完 libp2p 的核心组件之后，我们来看一下各组件是如何协同工作的，其核心是：初始化节点、监听、拨号。

第 1 步是初始化节点的过程，如图 4-10 所示。首先用户配置信息，例如节点支持哪些传输协议。然后使用这些信息，生成一个新的 host，构建一个地址本。通过地址本构建网络层，再通过网络层构建 host，整个网络层就完成了初始化。

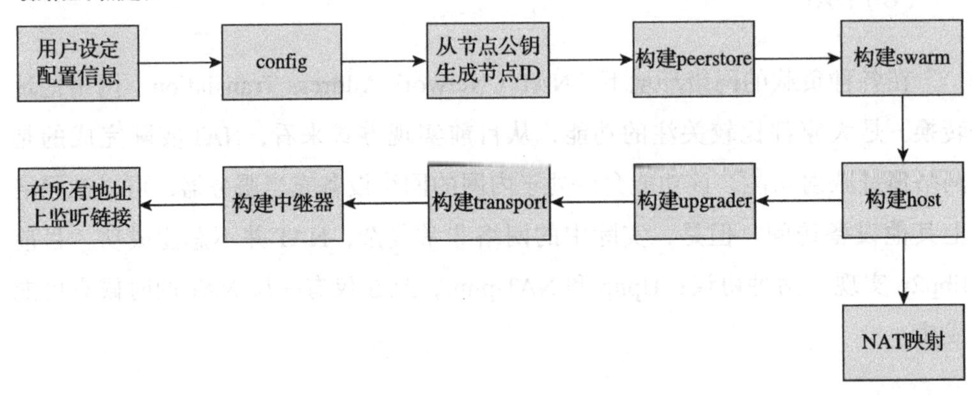

图 4-10 初始化节点过程

第 2 步是节点的监听过程，如图 4-11 所示。监听过程是从初始链接到用户可用链接的过程，filter 到私网链接到构建加密传输到选择多路复用协议再到 conn 这一流程就是 upgrader 的过程。首先在底层建立了一个 TCP 的监听器，然后在这个监听器会分配一个链接，然后将该链接转换为对应的 multi-addr 格式，随后对该链接进行升级。首先使用 filter 进行地址过滤满足条件则进行私网连接，进而握手并构建加密传输。通过协商与对方协商构建多路复用器。upgrader 的链接构建完成后有两个分支，一个分支需要异步处理新链接。另一个是在这个链接上面启动一个 stream 监听器，加入网络管理。这就是节点的整个监听过程。

第 3 步是节点拨号过程，如图 4-12 所示。拨号过程会更复杂一些，需要节点发起一个 stream，节点自身会先测试一下与对方节点之间是否已经有底层链接了。如果有，就不用再建立；如果没有，则通过拨号建立连接。拨号首先要检验节点自身后台是否被限制，因为限制拨号十分有必要，我们可以试着假设一下，如果实际中存在多个线程，同时要跟某一个节点建立连接，而这个时候底层都没有这个连接，那相当于需要启动两个拨号进程，这肯定将造成资源浪费。所以不管有多少个拨号请求，最终发出的只有一个。接着，就是过滤对方的无效地址，针对过滤完成后剩下的有效地址，同时进行拨号申请。对于每个需要拨号的地址来说，建立对应的传输之后，就与监听过程类似了。

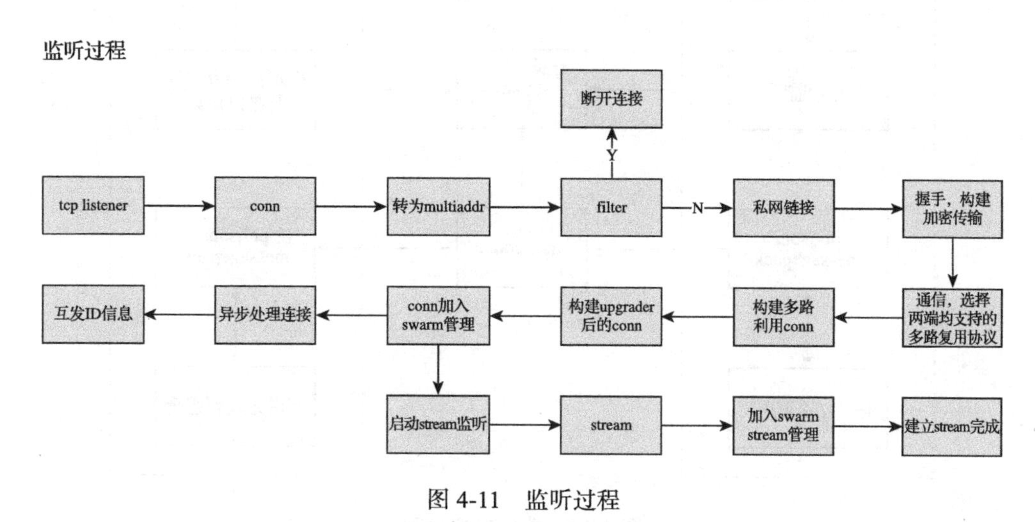

图 4-11　监听过程

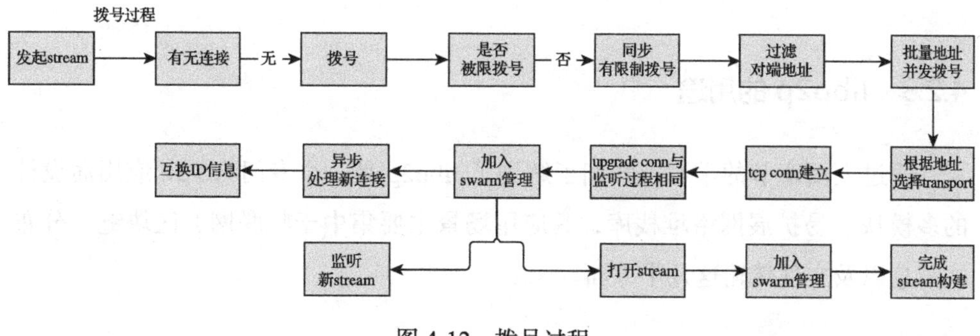

图 4-12　拨号过程

最后是数据交换层，我们如果要基于 libp2p 进行应用开发，应用代码就是在这一层编写的。要开发一个应用，首先要实现被调用方代码及调用方代码，设定接口的协议名，完成背后的处理逻辑。然后被调用方开始监听，调用方开始进入调用过程。双方建立 stream 以后，通过 4.1 节所描述的 Multi-Format 库进行通信，详细数据交换过程如图 4-13 所示。

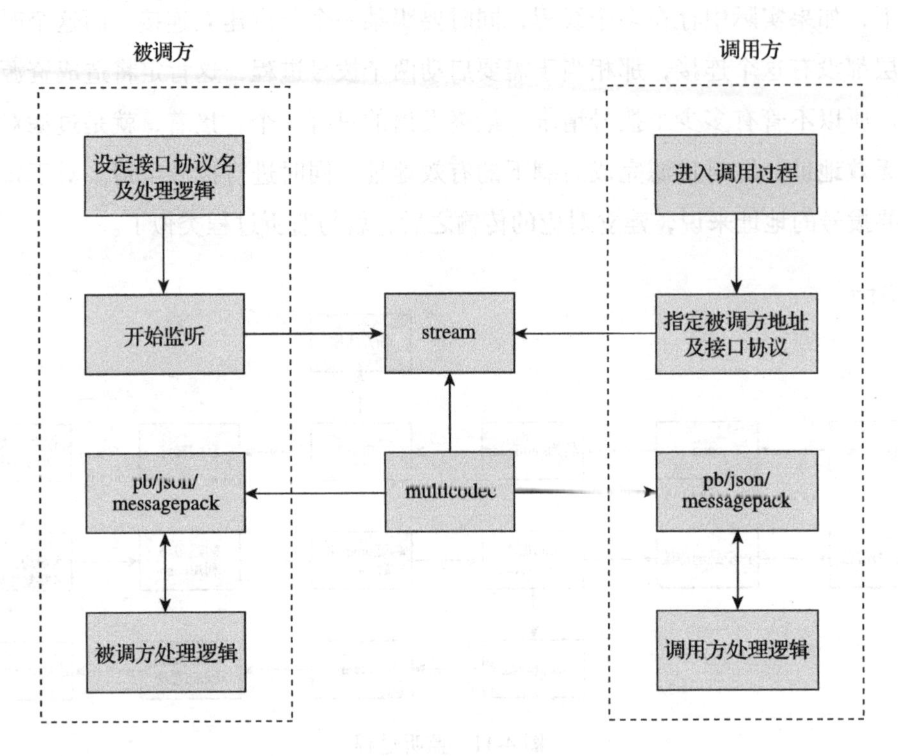

图 4-13 数据交换过程

4.2.3 libp2p 的用途

通过上面章节的学习，我们了解到了 libp2p 是一个专门为 P2P 应用而设计的多模块、易扩展网络堆栈库，其应用场景主要集中于物联网、区块链、分布式消息以及文件传输这几个方面。

- 物联网：对于物联网场景来说，P2P 连接是很重要的一环。比如，在安防场景，安防摄像头与手机之间最好建立直连连接。如此可以大幅度减轻中央服务器的带宽压力。libp2p 可以帮助其完成链路上的连接工作，同时可以完成诸如 NAT 打洞（目前尚未实现，但正在完善中）、流量及

RTT 统计、长链接、流式加密传输、服务端主动和终端通信等工作。此外，libp2p 在车联网领域也有适合的应用场景。由于该场景中终端设备会不断在各种网络之间进行切换，导致其 IP 地址信息不断发生变化。libp2p 基于节点 ID 的链接方式及 DHT 路由发现机制，可以解除底层物理链接与上层逻辑的耦合。随着互联网的发展，应用规模越来越大，如何有效且快速地分发信息（如抖音与快手的关注视频、直播平台的实时推流等），同时降低中心化服务器的压力，是未来网络技术发展的一个重要方向。

- 区块链：在区块链领域里面已经有项目利用 libp2p 作为自己的底层服务，比如之前多次提到的 Filecoin。在“区块数据同步”“文件传输”“节点查找”等核心环节都使用了 libp2p。还有 Polkadot（波卡链）项目，作为可能成为区块链 3.0 的开辟者，为了兼容现有的诸如以太坊等主链而采用异构多链架构，更要考虑终端设备的复杂场景，因此选择使用 libp2p 作为其底层传输层，利用 libp2p 在各个模块中的高度抽象带来的灵活性及可扩展性，来避免因区块链技术发展而导致的不兼容问题。
- 分布式消息：分布式消息系统，可以不通过中心服务器的中转功能，直接在节点之间建立连接，用于消息的发送和接收。去除了中心化服务器，可以有效防止单点失效、网络攻击。
- 传输文件：Filecoin 和 IPFS 是基于 libp2p 来进行数据传输的。对于点对点文件传输，libp2p 将有非常广泛的应用场景。

4.3　IPLD

IPLD 是基于内容寻址的数据模型的抽象层，IPLD 能够连接起各类以内容寻址为主的数据结构。设计 IPLD 的初衷是希望这一数据结构不仅能应用于 IPFS，而且能为其他通过哈希类型检索的数据提供一个通用的数据模型。

我们知道，IPFS 是使用哈希值作为网络内容的检索方式。实际上不只是 IPFS，现在各类区块链系统都使用哈希值检索。一个典型的例子是对区块链的钱包地址、交易 ID 及智能合约的哈希地址进行检索。对这些数据使用哈希值检索最初是为了保证数据完整性，而不是为了相互引用。因此，各个系统之间虽然都依赖于相似的原语，但互不兼容，更不能协同工作。IPLD 实现跨系统和协议的引用，统一该类数据结构。

IPLD 能带来的好处也是显而易见的。以区块链系统为例，IPLD 能为区块链系统提供相对廉价的存储空间以存放媒体数据，而不需要让每个区块链节点都备份一次；又或者，开发者的 Git 提交也能引用比特币网络；又或者，它能跟踪智能合约的各个函数的执行。针对比特币、以太坊、ZCASH、BitTorrent 使用的 IPLD 格式目前处在迭代研发之中。下面我们主要介绍 IPLD 的数据类型，以及内容识别符 CID 的相关内容。在本节中，我们主要介绍 IPLD 的数据模型和内容识别符 CID 的格式规则。

4.3.1 IPLD 数据模型

IPLD 定义了 3 种数据类型：默克尔链接（Merkle-Links）、默克尔有向无环图（Merkle-DAG）和默克尔路径（Merkle-Paths）。顾名思义，默克尔链接是连接两个默克尔对象的链接；默克尔路径是由默克尔链接组成的、用于访问引用对象成员的路径；默克尔有向无环图的边是默克尔链接，节点是一个对象。

1. 默克尔链接

对象之间的链接对象是目标对象的哈希值引用，通过目标对象的哈希实现。这一链接是单向的，默克尔链接有如下两个功能。

1）**加密完整性验证**：用户可以通过对目标对象的哈希来测试数据的完整性。这一特性能广泛应用于安全、可靠的数据交换场景（例如 Git、BitTorrent）。

2）**数据结构不可改变**：带有默克尔链接的数据结构在引用后不可以改变。

一个默克尔链接表示为连接符加连接对象的引用形式，如下：

```
{ "/" : "连接对象的引用" }
```

下面我们给出 3 个例子来说明默克尔链接。第 1 个例子是最简单的默克尔连接；第 2 个例子给出了默克尔链接与一般对象的对比；第 3 个例子中包含了多种对象，它是 IPLD 中最常见的形式。

1）如下 JSON 格式的默克尔链接中，“/”代表链接符；“/ipfs/QmUmg7BZC1YP1ca66rRtWKxpXp77WgVHrnv263JtDuvs2k”是链接的引用。该条默克尔链接指向一个 IPFS 对象，后面的哈希值为该对象的内容识别符（CID）。

```
{ "/" : "/ipfs/QmUmg7BZC1YP1ca66rRtWKxpXp77WgVHrnv263JtDuvs2k" }
```

2）如下的 JSON 对象内包括一个名为“foo”的对象，而“foo“下又包含了两个对象。我们注意到，“bar”没有按照默克尔链接的格式给出，因为它没有连接符。因此，“bar”对象是一个字符串，而不是一条默克尔链接。而“baz”满足默克尔链接的格式，它是默克尔链接。因此，这一例子表示的是一个名为“foo”的对象，而“foo”下包含一个默克尔链接及一段字符串，该字符串为默克尔链接的地址。

```
{
    "foo": {
        "bar": "/ipfs/QmUmg7BZC1YP1ca66rRtWKxpXp77WgVHrnv263JtDuvs2k",
            // 不是一个链接
        "baz": {"/": "/ipfs/QmUmg7BZC1YP1ca66rRtWKxpXp77WgVHrnv263JtDuv
            s2k"} // 链接
    }
}
```

3）如下的对象的外层是名为“files”的对象，“files”内部包含一个名为“cat.jpg”的对象，“cat.jpg”内又嵌套了一个名为“link”的默克尔链接、一个名为“mode”的整数和一个名为“owner”的字符串。因此，这一例子描述的是一个猫的图片链接，并给出了图片 mode 码及图片作者。

```
{
        " files " : {
            " cat.jpg " : {
            " link " : { " / " : " / ipfs / QmUmg7BZC1YP1ca66rRtWK
                        xpXp77WgVHrnv263JtDuvs2k " },
            " mode " : 0755,
            "owner" : " jbenet "
        }
    }
}
```

值得注意的是，默克尔链接使用哈希值进行检索。若更改链接的引用值，只需要更改链接的对象即可，而不用修改该对象本身。如果应用程序需要将默克尔链接用于其他目的，则应用程序需要为此定义相应的处理逻辑。

2. 默克尔路径

默克尔路径是 UNIX 风格的路径，它包括一段默克尔路径的引用，以及对象内或使用另一个默克尔路径遍历到其他对象的引用。默克尔路径遍历和对象内路径遍历都使用同一个符号，即“/”。

```
<默克尔路径> ::= /对象名<默克尔路径>
```

我们在上面讲述默克尔链接的时候，链接对象的引用字段就是默克尔路径。下面我们再通过例子讲述默克尔路径的格式。首先打开 IPFS 对象，这个对象下使用 QmUmg……2k 到达一个以哈希编码检索的对象，然后依次打开 a→link，最终定位到 b 这一对象。该路径表示方式与主流的路径表示方式一致。

```
/ipfs/QmUmg7BZC1YP1ca66rRtWKxpXp77WgVHrnv263JtDuvs2k/a/link/b
```

4.3.2 内容识别符（CID）

CID 是一种自描述的内容寻址标识符，它使用哈希来实现内容寻址。其中，

MultiFormats 实现自我描述功能，即 MultiHash 实现字描述哈希，MultiCodec 自描述内容类型，MultiBase 实现 CID 编码。CID 目前有两个版本，分别为 CIDv0 和 CIDv1。因为历史原因，CIDv0 只适用于 IPFS 默认的编码规则和加密算法。而 CIDv1 适应算法和编码规则大大增加。目前，部分 CIDv1 已经兼容了 CIDv0 格式。未来有可能 CIDv0 会停止更新，开发者应尽可能使用 CIDv1 进行开发。下面我们将重点说明 CIDv0 和 CIDv1 的格式，并给出其相应的解码方法。

1. CIDv1

CIDv1 包含 4 个字段，分别为 multibase 类型前缀代码，cid 版本号，multicodec 内容识别符，完整的 multihash。multibase 前缀用于描述这一条 CID 后面内容的编码格式，cid- 版本号用于与 CIDv0 区分。

```
<cidv1> ::= <multibase type><cid-版本号><multicodec><multihash>
```

其中：

- <multibase type>：Multi-Base 前缀代码，占用 1～2 字节。用于描述该 CID 的编码格式，若为二进制编码，可以将其省略。
- <cid- 版本号 >：CID 版本号。
- <multicodec>：Multi-Codec 内容识别符。
- <multihash>：完整的 Multi-Hash，包括 <mhash-code><mhash-len><mhash-value>3 项。

其中，Multi-Base、Multi-Hash、Multi-Codec 我们在 4.1 节详细描述了，读者可以回顾 4.1 节的内容进行查询。

同时，通过 Multi-Base 的映射格式，我们也可以将 CIDv1 写成对应的可读性模式。CIDv1 的可读性格式如下。

```
<hr-cid> ::= <hr-mbc> "-" <hr-cid-version> "-" <hr-mc> "-" <hr-mh>
```

其中：

- ❑ <hr-mbc> 为可读 Multi-Base 代码，例如“base58btc”。
- ❑ <hr-cid-version> 为可读的 CID 版本号，如“cidv1”，“cidv2”。
- ❑ <hr-mc> 为可读 Multi-Codec 代码，如“cbor”。
- ❑ <hr-mh> 为可读 Multi-Hash，例如“sha2-256-256-abc456789……”。

我们给出如下例子，<cidv1> 为原始格式，<hr-cid> 为可读性模式。

```
<cidv1> = zb2rhe5P4gXftAwvA4eXQ5HJwsER2owDyS9sKaQRRVQPn93bA
<hr-cid> = base58btc - cidv1 - raw - sha2-256-256-6e6ff7950a36187a801
    613426e858dce686cd7d7e3c0fc42ee0330072d245c95
```

2. CIDv0

这里我们额外提一下 CIDv0 的格式。CIDv0 是在实现 IPFS 系统时设计的，当时并未考虑多种编码的需要，CIDv1 版本已经可以适用于各类加密方式和编码方式了。开发者仍然能在 IPFS 某些组件中发现它。CIDv0 版本中，默认使用二进制编码，长度为 34 字节。这是因为 IPFS 的是基于 Base58 编码及 SHA2-256 哈希算法实现的。CIDv0 与 CIDv1 的字段定义是一样的，同样是 4 个字段，每个字段内涵一致。不过字段长度和符号略有不同。CIDv0 中，Multi-Base 类型代号默认为 Base58，CID 版本号默认为 0，Multi-Codec 默认 Protobuf。建议开发时小心处理。

```
<cidv0> ::= <multibase type><cid-版本号><multicodec><multihash>
```

其中：

- ❑ <multibase type>：在 CIDv0 中默认值为 Base58，其 multibase 二进制映射为 Z。
- ❑ <cid- 版本号 >：在 CIDv0 中默认为 0。
- ❑ <multicodec>：在 CIDv0 中默认为 protobuf 格式，其二进制表示为 0x50。
- ❑ <multihash>：完整的 Multi-Hash。

4.3.3　CID 解码规则

为方便使用 CID 正确完成解码，我们在这里给出了 CID 解码的规则。即给定一个 CID 如何分辨其版本，并且将其解码为 <multibase type>、<cid- 版本号 >、<multicodec>、<multihash>4 部分。我们主要考虑与 CIDv0、CIDv1 以及日后更多 CID 版本的兼容性。

对于一个输入 CID，我们首先判断它的长度是否是 46 字节，并且开头是 Qm。如果是，那么表示它一定是 CIDv0 格式。接下来我们直接对它按照 Base58btc 解码成二进制。如果不满足，它可能是 CID 的后续版本。我们可以直接按照 Multi-Base 的规范进行解码。

得到了二进制 CID，若其长度是 46 字节，并且前导字节是 0x12 或者 0x20，那么我们就可以确定它是 CIDv0，并且是完整的。如果其长度不是 46 字节，并且前导字节是除了 0x12、0x20 以外的形式，我们通过前导字节的第 1 个字，即 <cid- 版本号 > 判断，由此可以将 CID 各个版本解码。

下面的我们也给出了上述解码方法的伪代码，方便大家阅读。

```
输入:CID编码s;
输出:multi-hash, version, multi-codec
    If s.length == 46 && s.prefix ==  'Qm'
            //s长度为46字节(ASCII或UTF-8),且开头为Qm
            then cid = decode(s, base58btc)
            //其格式为CIDv0（IPFS原始格式）,用Base58btc规范解码cid2
            else cid = decode(s,multibase)
            //根据Multi-Base规范解码成二进制cid
                If cid.prefix ==  '0x12'
                    then return Error;
    else
        cid = cid = decode(s,multibase)2;
        If cid.prefix ==  '0x12'  || cid.prefix ==  '0x20'
            //cid的前导字节为 cid = [0x12, 0x20]形式, cid为CIDv0
            then  return decode(cid, cidv0)v0uf
            else
            //其他情况，按照在未来更新时CID版本定义解码
                    version = cid.version
                return decode(cid,version)
```

4.4 本章小结

本章我们主要介绍了 IPFS 的 3 个组件，分别是 Multi-Format、libp2p，及 IPLD。Multi-Format（自描述格式协议库）是为了使各类编程语言、哈希算法和编码方式能在 IPFS 上兼容工作。libp2p（P2P 网络协议模块库）将 IPFS 所需要的网络层文件传输、通信职能完全分隔开。开发者能够利用 libp2p 快速构建一个基于分布式网络的应用。IPLD 是基于内容寻址的数据模型描象层，能够连接起各类以内容寻址为主的数据结构，如区块链数据、Git、BitTorrent 等。在下一章，我们重点介绍 IPFS 激励层区块链项目——Filecoin。

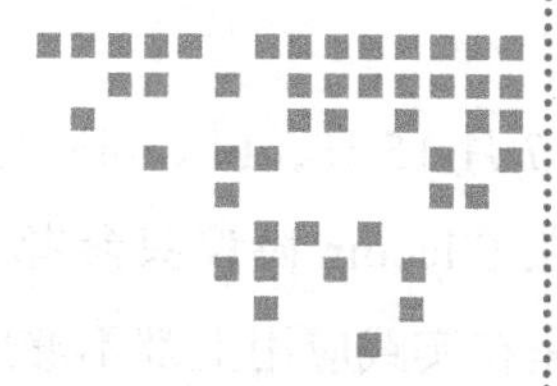

第5章 Chapter 5 Filecoin

前面几章带领大家学习了 IPFS 协议相关内容。本章主要介绍与 IPFS 协议紧密相关的另一个协议 Filecoin。IPFS 是一个植根于开源社区的、以协议实验室团队为核心的开源技术。截至本书完稿时，为 IPFS 项目贡献过代码的开发者已达数千人之多。IPFS 项目是一个非常优秀的开源项目，但是，IPFS 项目本身作为协议并非完美，IPFS 项目的数据传输核心为 BT 技术。我们知道，对于 BT 技术，节点的多少直接决定了网络的质量，IPFS 网络想要有更优秀的性能，必须有大量的节点同时在线。很多读者对于以前利用 BT 进行大文件下载不会陌生，大多数用户在下载完成后，会关掉 BT 软件，很难有动力持续为网络贡献资源。该问题也是 IPFS 所面临的困难。非常幸运的是，IPFS 诞生时正好遇到了区块链的繁荣，我们知道区块链技术非常适合作为 IPFS 激励层，于是 Filecoin 项目就在这样的背景下诞生了。

5.1 Filecoin 项目简介

5.1.1 Filecoin 项目的起源

Filecoin 项目的发展历史如下：

2014 年 7 月 15 日，Filecoin 发布了第一版协议草案，Filecoin 协议的设计启动。第 1 版 Filecoin 协议只参考了以太坊的设计，但当时区块链技术无论在理论储备还是在实践应用上都不够成熟，Filecoin 协议的设计并没有大的进展。

2017 年 7 月 4 日，协议实验室发布了 Filecoin 协议的研究路线图。至此，Filecoin 有了一个清晰的研究路线。

2017 年 7 月 19 日，协议实验室发布了新版的 Filecoin 协议白皮书。距离第一次发布草案协议已经过了 3 年。区块链技术经过了 3 年的高速发展，特别是以太坊技术的成功，为行业提供了可参考的成功案例。

2017 年 7 月 27 日，协议实验室同时发布了《复制证明协议》（Proof of Replication）和《影响力容错协议》（PoWer Fault Tolerance）两份技术报告。这两项技术是 Filecoin 技术的核心协议，直接决定了 Filecoin 项目的可行性和是否能够成功，甚至决定了 Filecoin 矿机的性能和网络的性能。

2017 年 7 月～9 月，Filecoin 进行了融资，并且取得了 2.57 亿美元的融资额，也成为 2017 年区块链行业中最大的一笔融资。

与 IPFS 不同，Filecoin 由于技术难度非常大，其中复制证明和时空证明都是需要进行基础研究性质的创新技术，这决定了 Filecoin 的设计开发与一般的区块链项目相比要难很多。由于研究的不确定性，在投资协议里面并未明确规定项目的上线日期，仅在风险提示里定义了 Filecoin 项目终止条件。

5.1.2 Filecoin 项目的价值

随着技术的进步，每天都有大量的数据生成，数据每年正在以几何级数增长。第五代通信技术即将大规模应用，会极大促进物联网的布局。世界正在被数据化。数据存储和传输的成本必然成为制约技术发展的一个瓶颈。Filecoin 技术的诞生就是为了解决数据的存储和传输问题的。希望借助于 Filecoin 系统大幅度降低数据存储和传输的成本，同时提升数据存储的安全性。

- **算力**：算力是区块链系统中计算矿工贡献的主要手段。而传统的区块链算力与矿机的计算速度严格呈正相关，计算速度越高，算力就越大，矿工收益也越高。这带来了两个问题：计算资源的浪费和能源的大量消耗。矿工在该种激励方式下投入更多的算力来获取更多收益。技术的进步从来不会停止，Filecoin 协议在设计之初就考虑了这两个问题，从根本上规避了以往区块链的弊端。Filecoin 协议取而代之的是激励矿工投入更多的存储设备和网络带宽，这也为提升 Filecoin 系统价值奠定了基础。
- **存储共享**：在这个世界上存在着大量的没有有效利用的存储设备（比如移动硬盘），如果能将这些处于闲置状态的存储设备有效利用起来，会大大降低数据的存储成本。
- **带宽共享**：与存储设备一样，在目前的互联网技术框架下，大量的带宽同样也没有得到有效利用或者价值没有得到更公平的分配。Filecoin 协议可以将这部分价值利用起来，重新平衡网络的利用，有效降低用户的网络使用成本。
- **技术进步**：从比特币和以太坊的成功经验来看，区块链在推动技术进步上面有着巨大影响力（例如，比特币推动芯片行业的发展），Filecoin 项目也将推动两个行业的快速发展——存储设备制造业和网络带宽的扩容。或许在不久的将来我们能够在 Filecoin 项目的推动下享受到更加廉价和性能更加强大的网络。

Filecoin 项目的本质是共享经济，为全球更加有效地利用存储设备和网络、降低数据的存储和传输成本带来了可能。

5.1.3 Filecoin 的价值交换市场

Filecoin 系统自带了价值市场，与以往的区块链项目不同，Filecoin 项目是一个与实体经济紧密结合的项目，自身拥有两个巨大的价值市场：存储市场（存储空间的购买和销售）与检索市场（流量的购买与销售）。在区块链发展的过程中，与实体经济结合始终是区块链技术面临的巨大挑战，截至本书完稿时，区块链行业并未出现与实体经济结合，实现真正落地的区块链标杆性项目。Filecoin 的发布结束了这一状态。从现有区块链行业来看，Filecoin 是目前唯一一个“与实体经济紧密结合的可落地的区块链”项目。

- **存储市场**：矿工和用户通过 Filecoin 代币的媒介，在 Filecoin 网络里面完成销售和购买数据存储空间。
- **检索市场**：与存储市场相似，矿工和用户通过 Filecoin 的代币媒介在 Filecoin 网络里完成流量的销售和数据的下载。

5.1.4 优化互联网的使用

Filecoin 网络对于互联网拥有强大的优化作用，主要表现在以下几个方面：

- **网络**：Filecoin 协议使用 IPFS 作为数据传输和定位工具。BT 的使用可以在现有中心化网络基础上节省高达 60% 的带宽。Filecoin 的使用将会大大优化现有互联网的使用，提升带宽的利用率。
- **数据存储**：Filecoin 网络在使用中会逐步平衡优化数据存储，将数据放到更加靠近数据频繁使用的区域。这种自平衡功能，对互联网的优化提供了强大的技术基础支持。
- **分布式互联网发展方向**：互联网经过了几十年的发展和进化，随着网络规模的逐渐增大，应用的规模一直在突破人们的认知上限，例如，天猫双十一购物节、春晚抢红包服务带来的恐怖流量等。互联网技术从中心化、集中式的服务逐步演变为分布式结构。Filecoin 本身就是为分布式互联网和分布式存储技术设计的。Filecoin 对未来网络的发展方向更加具备适应性，属于分布式技术时代的“原住民”。

5.2 Filecoin 与 IPFS 之间的关系

将 Filecoin 与 IPFS 等同看待是行业里面常见的误解。实际上 IPFS 与 Filecoin

有严格区别。下面来详细讲解一下这两个项目之间的关系。

- ❑ IPFS：非区块链项目。IPFS 项目主要解决的是数据分发和定位问题，与在线互联网技术领域处于垄断地位的 HTTP 协议类似。与 HTTP 协议不同的是，HTTP 协议数据为点对点传输，而 IPFS 的数据为多点传输。在前面几章我们已经学习了相关内容。
- ❑ Filecoin：区块链项目。Filecoin 是一个基于区块链的分布式存储协议，用来解决数据的存储问题，降低数据存储和使用成本。
- ❑ 技术：IPFS 使用的技术与 Filecoin 有本质的区别。本章后面的内容将会详细讲解 Filecoin 技术。
- ❑ 互补协议：IPFS 协议与 Filecoin 协议是一对互补协议。Filecoin 是运行在 IPFS 上面的一个激励层。基于 IPFS 的应用有着巨大的数据存储和节点数量需求，IPFS 作为 P2P 网络，节点越多下载越快。如果没有激励机制，没有人会愿意无偿贡献如此众多的节点和存储。而 Filecoin 矿工在经济的激励下可以为 IPFS 网络贡献巨量的节点，同时 IPFS 带来了一个巨大的分布式存储空间，可供基于 IPFS 的应用使用，这同时解决了 IFPS 网络的低成本、高性能存储问题。
- ❑ 相互独立：上面已经说了，IPFS 和 Filecoin 是一对互补协议，为什么又说相互独立呢？实际上，IPFS 和 Filecoin 在技术运行上没有依赖关系。早在 2015 年 5 月 IPFS 已经上线运行，在没有 Filecoin 的情况下，IPFS 系统依然可以运行得很好。同样，Filecoin 也可以离开 IPFS 系统而独立运行。这就好比单兵作战和团队作战一样，当 IPFS 和 Filecoin 单独运行的时候，力量是有限的，而当 IPFS 与 Filecoin 结合运行的时候，事情就变得奇妙了，两个协议结合起来共同组成更加强大的网络，使得双方都大大的受益，更大幅提升两个系统成功的概率。所以在实际应用的开发选型上面，开发者可以独立选择 IPFS 或者 Filecoin，也可以同时选择两者的结合，最大化为开发者提供了开发的灵活性。

Filecoin 协议和 IPFS 协议相互促进。IPFS 节点越多，IPFS 网络的性能越高，越多的应用更愿意使用。IPFS 应用越多对于分布式存储 Filecoin 的需求越大。Filecoin 的数据存储和下载需求越多，矿工愿意投入更多的资源来获取更多的利益。矿工投入的资源越多，为 IPFS 网络带来的支持越大。由此我们可以看到，IPFS 与 Filecoin 之间是强互补关系，共同进步，互相促进，一起为分布式互联网提供一个优秀的解决方案。

5.3 Filecoin 经济体系

经济体系设计是区块链项目里面重要的一环。经济体系设计的健壮性直接决定了项目是否能长期运行。实践证明，比特币和以太坊的经济体系设计是非常优秀的，多年的运行中一直非常稳定。Filecoin 的经济体系相对于比特币或者以太坊要更加复杂，这是因为 Filecoin 本身自带了价值市场。本节介绍一下 Filecoin 经济体系是如何设计运作的。

Filecoin 的经济体系设计为通缩模型，跟比特币类似，具有一定的储存价值。Filecoin 的存储市场和检索市场近似一个充分竞争的市场经济体系。Filecoin 自带有价值市场，代币又具有很强的流通价值。在该模型中，代币的存储价值与流通价值并不矛盾，经济最终会抹平收益之间的差异。在这里，Filecoin 存储和检索的用户锚定的是法币，并不是代币。代币在这里只是个中介作用。所以代币价值的波动会通过矿工的价格调整被消除掉。这是一个非常巧妙的创新型设计，在以往的区块链经济体系里面并不常见。

5.3.1 Filecoin 的分发与使用

Filecoin 经济体系里面代币的产生和流通模型如图 5-1 所示。与比特币相比，Filecoin 明显在代币的流通上更为复杂。通过检索市场和存储市场流通的代币也是 Filecoin 价值市场的直观表现形式。

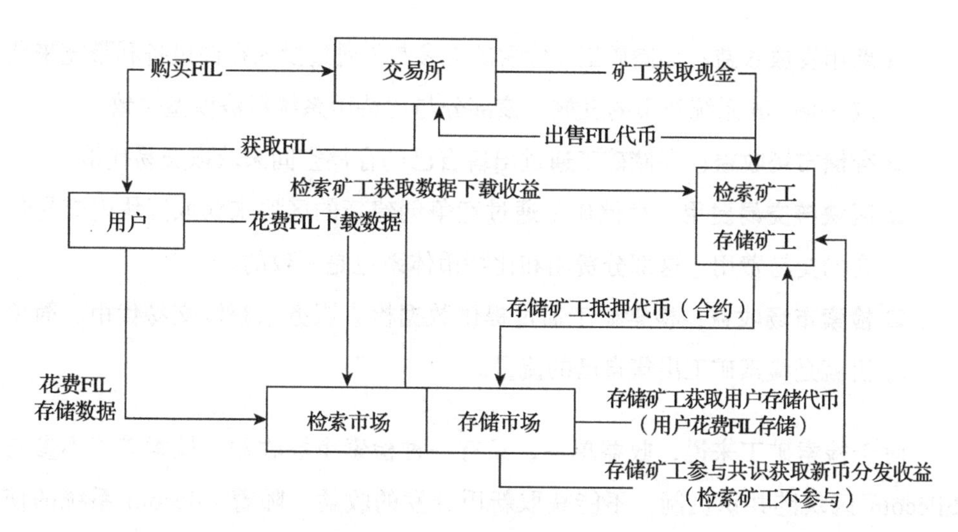

图 5-1 Filecoin 的分发与使用

- 初始代币的分发：Filecoin 代币的总量为 20 亿枚。与比特币系统相同，初始代币的分发通过矿工挖矿进行。Filecoin 的代币发放为线性发放。
- 代币的锁定：矿工挖矿需要抵押一部分代币，即智能合约锁定一部分代币。
- 用户消费：用户首先从矿工处购买代币，用于支付使用 Filecoin 系统的存储和流量费用。代币第一次发生流通，从矿工流到用户，体现 Filecoin 代币的流通价值。矿工通过代币的中介作用获取最终受益。

在 Filecoin 经济体系设置中，综合考虑了经济发展、技术发展的曲线，采用了 6 年半衰期的方式（比特币为 4 年）。该经济模型经过了合理的推理与计算，在此不阐述计算的过程。实际中流通的代币总量取决于：挖矿释放的代币总量、挖矿抵押数量、智能合约锁定数量、由于丢失锁定的数量、检索市场和存储市场锁定的代币数量。

5.3.2 Filecoin 矿工收益结构

在 Filecoin 经济体系里面，检索矿工和存储矿工的收益构成是完全不相同的。Filecoin 经济系统里面矿工共有 4 种收益。

- **新币发放收益**：存储矿工（检索矿工参与）通过投入存储设备和带宽来获取 Filecoin 系统新币的发放。该部分与比特币系统经济模型一致。
- **存储市场收益**：存储矿工通过出售自己的存储空间来获取交易代币。
- **区块链交易费用**：存储矿工通过竞争创建新的区块来获取区块内交易包含的交易费用，这部分费用和比特币体系也是一致的。
- **检索市场收益**：检索矿工通过提供数据检索服务来获取交易代币。简单讲就是检索矿工出售自己的流量。

对于检索矿工来说，收益单一，只有一种检索市场收益。检索矿工不参与 Filecoin 区块链共识机制，不能获取新币分发的收益。随着 Filecoin 系统的使用规模越来越大，检索市场的规模将会呈递增趋势，越多应用下载数据，越多收益。检索矿工的收益跟 Filecoin 的数据下载量成正比关系。

对于存储矿工来说，收益由 3 部分组成，分别是新币分发收益、存储市场收益和区块链交易费用。其中新币分发收益和区块链交易费用是存储矿工参与 Filecoin 的共识机制所获得的收益。

由此，我们可以了解 Filecoin 经济体系中矿工收益的 3 部分来源。该经济体系在长期运行中通过各方经济利益进行自我平衡，自我修复，目的是打造一个健壮的分布式存储网络。

5.4 Filecoin 技术体系总览

本节重点学习 Filecoin 协议的技术解决方案。首先我们从宏观上了解一下 Filecoin 的相关概念和运作机制。Filecoin 是从比特币和以太坊上面发展而来的，又经过了很多创新性工作，理解起来有一定难度。但是，不用担心，通过本节内容的学习，你将会全面掌握 Filecoin 协议。

5.4.1 Filecoin 系统基本概念

先介绍一下 Filecoin 系统涉及的基本概念及解释。

1）去中心化存储网络（DSN）：去中心化存储网络的全称是 Decentralized Storage Network。DSN 是矿工和用户之间处理业务逻辑的部分，功能是调用各个组件和与用户交互 。

2）检索矿工：检索矿工向网络提供数据检索服务，通过与用户数据下载进行交易获取用户支付的数据下载费用。实际上是销售自己的网络带宽。

3）存储矿工：存储矿工通过抵押一部分代币向网络提供可出售的存储空间。在存储空间被用户购买后获取用户支付的交易费用。

4）检索市场：用户和检索矿工在链下交易的订单匹配机制。

5）存储市场：用户和存储矿工进行链上交易的订单匹配机制。

6）用户：使用 Filecoin 代币从矿工处购买存储空间或者付费下载数据的节点。

7）抵押：存储矿工将自己的设备提交到 Filecoin 网络接受订单的时候，需要附上一定量的抵押品（Filecoin 代币），用来约束存储矿工的行为。

8）复制证明：根据特定算法的计算结果。存储矿工用来证明自己存储了某一些特定数据。

9）时空证明：在复制证明的基础上计算得到的结果。存储矿工用来证明在特定时间内自己存储了特定数据。

5.4.2 Filecoin 交易市场运行简介

首先定义 Filecoin 系统的参与者：检索矿工、存储矿工和用户。比特币系统只有一种矿工，而 Filecoin 系统有两种矿工。图 5-2 所示完整描述了 Filecoin 系统的运行流程。该图以 Filecoin 区块链为分界线，分为上半部分和下半部分。上半部分描述了存储市场的工作流程和参与方的协作过程；下半部分描述了检索市场的工作流程和参与方的协作过程。

存储市场工作流程如下。

1）存储矿工提交报价单（ask）：存储市场是链上市场（on chain）。何为链上市场？链上市场指的是该市场存在于区块链本身，是一个交易撮合市场。首先矿工节点抵押一定的代币将自己需要出售的存储空间提交到区块链上面，区块链记录该矿工的可售空间并且锁定矿工的抵押代币。

2）用户提交出价单（bid）：用户根据自己对存储空间的需求（需要多少存储空间、存储多长时间、冗余度多少）向区块链提交购买订单，同时附上愿意支付的代币数量。区块链记录用户的订单，同时锁定用户提交的待支付代币。

3）区块链进行订单匹配：区块链根据一定规则，将出价和售价一致的用户和矿工的订单匹配。生成成交订单，双方附上自己的数字签名。接下来用户发送数据到矿工，矿工接收数据存储并且给出数据已存储的证明（复制证明）。

4）支付阶段：矿工存储完成后，该订单写入区块链永久保存，区块链清算支付结果。此后矿工需要不断地向网络证明（时空证明）自己一直存储着用户的数据，直到该数据存储合约到期。

检索市场工作流程如下。

1）**用户和矿工分别对网络广播出价单（bid）和报价单（ask）**：检索市场是链下市场（off chain）。链下市场指的是该市场不存在于区块链上面。由于实际的应用对于数据读取（下载）需求是实时需求（比如，访问一个电商网站，页面加载时间超过 6 秒，跳出来就会高达 70%），如果跟存储市场一样设为链上市场，将对数据下载服务的效率产生极大影响。检索市场之所以可以设计为链下市场，得益于 Filecoin 算力证明的巧妙设计，后面会详细介绍。链下市场存在于用户和矿工之间。用户和矿工直接向网络广播订单，并且将自己收到的订单存储到自己的订单列表里面。双方会时刻检查是否有订单匹配（例如，矿工检查自己接收到的用户订单和自己已有的数据之间是否匹配），如果发现订单匹配，则说明矿工可以为该用户提供数据服务，矿工则发起交易请求，双方通过数字签名达成交易。

2）**数据传输和支付**：用户和矿工达成交易后，双方直接建立数据传输和支付通道。将交易数据分片和支付代币分为小额的方式（微支付）分多次交易，直到数据交易完成。这里解释一下为什么使用微支付的方式进行交易，而不是一次性交易完成。从效率上一次性支付完成显然要高于微支付，由于链下交易在交易的过程没有区块链的参与认证，为了防止交易双方作弊（例如用户收到了数据不支付代币，或者矿工收到了代币不提供数据下载服务），因此使用微支付的方式进行，只要发现对方在某一支付环节出现问题，就可以立即终止交易。

3）**交易和订单提交区块链**：数据交易完成后，订单和交易提交区块链记录。区块链对交易验证并且最终清算支付结果。

以上就是 Filecoin 协议的基本运行流程。需要重点说明的是：存储矿工需要抵押代币以出售自己的存储空间，并且要求存储矿工在合约期内一直存储着用户的数据；检索矿工不要求抵押，对于数据也不要求始终存储。简单来讲，存储矿工是出售自己的存储空间获取收益，而检索矿工是通过出售自己的流量来获取数据。一个矿工节点可以单独做存储矿工，也可以单独做检索矿工，也可以同时做存储矿工和检索矿工。在这里笔者建议矿工同时参与检索和存储市场。

4）**检索矿工提供服务的数据来源**：自己作为存储矿工存储的数据、从检索市场购买的数据或者自己从别处获取的数据。简单理解，检索矿工类似于为 BT 软件提供种子的节点。

5.4.3 Filecoin 区块链数据结构

比特币区块内容非常简单，由一些元数据和交易数据组成。相比较来说，Filecoin 的区块数据要复杂很多，如图 5-2 所示。Filecoin 区块数据包含三部分内容。

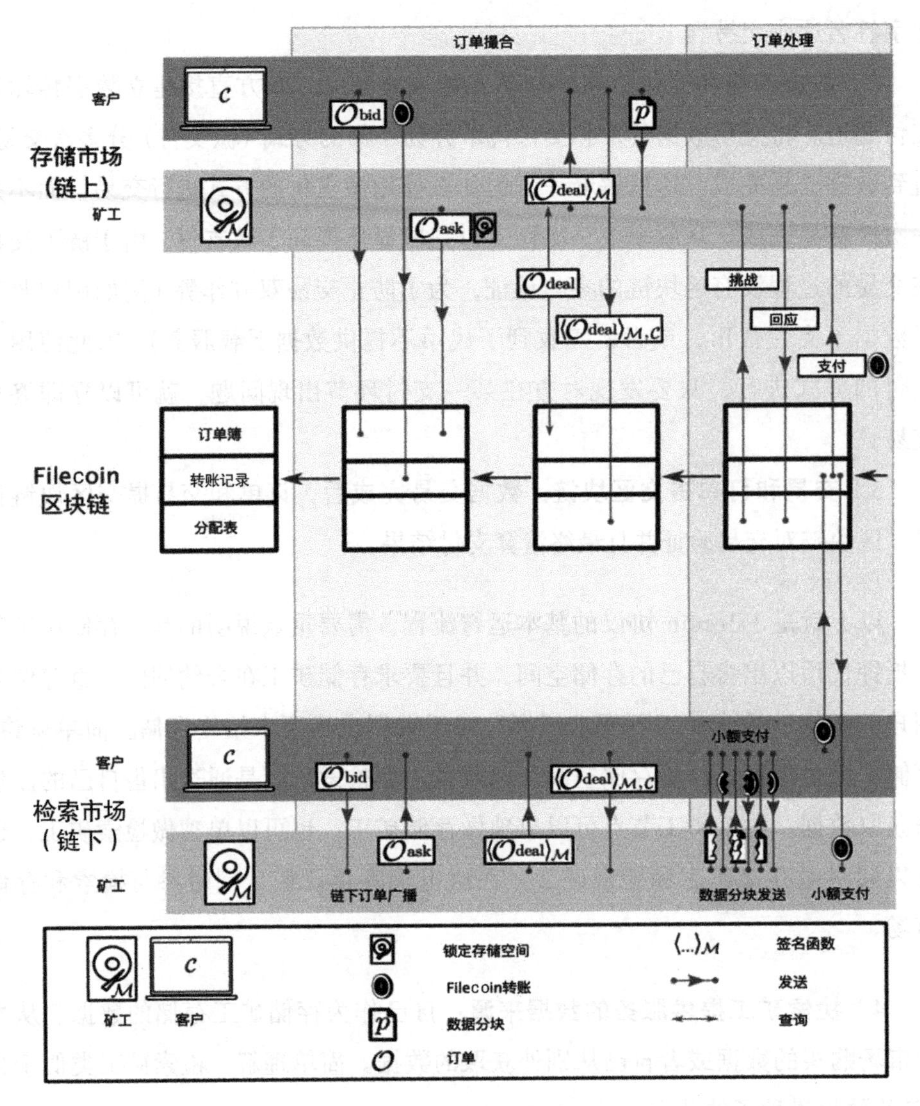

图 5-2 Filecoin 协议流程

- ❑ 订单簿（Order）：用户和矿工之间的交易订单的集合，用来记录用户和矿工之间的交易信息。
- ❑ 转账记录：Filecoin 代币的转账记录，跟比特币的交易记录一样。
- ❑ 分配表（AllocTable）：该表记录着全网所有矿工的数据存储情况。

Filecoin 协议里面的区块数据存储了这 3 种数据。需要注意分配表的性能。

由于需要记录全网所有数据的存储情况，分配表的设计需要在性能和占用的存储空间之间进行平衡。这个会在下面章节中详细阐述。

5.4.4 Filecoin 区块链运行原理

Filecoin 的区块链的运行本质上与比特的运行原理是一致的。本节我们先从宏观上了解一下 Filecoin 的区块链是如何运行的。在挖矿过程中，随着一个个的区块数据被存储矿工挖出来，区块的数据链不断增长，如图 5-2 中间部分所示。

共识机制是区块链的核心部分。这里需要强调的一点是，在 Filecoin 协议里面，检索矿工不参与与共识机制，只有存储矿工参与共识机制。Filecoin 的共识协议底层实质是 PoS，即权益证明。不同的是，Filecoin 的权益证明里面的"S"为存储（storage)。具体流程为：在每一轮的出块权竞争上，全体矿工根据自己的存储算力来竞争区块链的出块权。本轮胜出的矿工进行出块并全网广播，其他矿工验证并接受结果。在这个流程里面，Filecoin 协议的关键是"算力"的定义和证明，"算力"即矿工的贡献度量（比特币协议是根据矿工贡献的计算量大小来度量的，即 PoW 机制）。

从理论上来讲，Filecoin 协议完全可以使用任何已有的算力机制，例如 PoW。但是，Filecoin 在算力定义上面做了一个非常巧妙的设计，这也为 Filecoin 协议的设计实现带来了非常大的难度，当然也带来了无法估量的好处，因为不需要像 PoW 那样耗费大量的计算能力和能源了。

Filecoin 的算力：存储矿工的有效数据存储量。这里涉及复制证明和时空证明两个概念（在后面的章节里面有详细讲解）。Filecoin 协议使用复制证明来证明存储矿工当前时间的存储量大小，使用时空证明（一连串的复制证明）来证明一段时间内存储矿工的算力大小。在存储矿工参与共识机制的时候，使用时空证明的结果来提交算力证明。

5.5 去中心化存储网络协议（DSN）

本节详细讲解 DSN 协议工作方式和实现方式。DSN 在整个 Filecoin 协议里面起着重要的管理、沟通作用，是 Filecoin 协议的协调中枢。DSN 提供了 3 个基本操作：Put、Get 和 Manage。用户、矿工在使用 Filecoin 的时候，无须关注区块链复杂的内部设计，只需要简单地调用这 3 个接口即可。

- ❑ Put：处理存储订单和执行存储操作，主要针对存储市场。提交订单、撮合订单、数据传输，都是通过 Put 操作实现的。
- ❑ Get：用于处理检索订单操作，主要针对检索市场。
- ❑ Manage：负责网络管理功能，包括订单检查、订单失效处理、担保品抵押、扇区封存等。一切对于维护网络的功能都由 Manage 封装。

在具体的实现上，Put 与 Get 区别较大。Put 订单每次操作都需要在区块链上得到确认，而 Get 因为对实效要求较高，所以采取链下广播并使用链下支付通道付款。

通过图 5-3 我们就能直观理解 DSN 网络和 Filecoin 其他各个组件之间的联系。无论是矿工、用户还是网络其他节点，他们的一系列业务逻辑被定义在 DSN 中，例如转账、提交证明、文件存取和抵押担保品。我们以提交存储证明为例，矿工接收到用户传输的数据后，需要封存该扇区，此时需要先调用 Manage 协议中封存扇区的函数。而 DSN 会进一步运行证明机制，获取存储证明。关于区块链和市场的操作同样如此。

在本节我们学习 DSN 与 Filecoin 其他组件之间的调用关系，同时为大家介绍 DSN 协议的 3 组操作、数据结构和故障处理，以及用户、存储矿工、检索矿工和网络节点之间的业务逻辑。

5.5.1 Put、Get、Manage 操作

Put、Get 和 Manage 是 DSN 最主要的部分，Put 包含存储数据以及与

存储订单相关的操作；Get 用于检索数据以及关于检索订单相关的操作；Manage 是网络管理协议，用于处理担保品、存储证明、订单修复和容错。DSN 的各类操作都是基于 Put、Get 和 Manage 展开的。区块链数据中的分配表记录的存储矿工数据的最小单位是扇区（Sector，扇区是从磁盘读写的基本单位引申而来的），扇区是存储矿工为 DSN 提供的有担保的可用的存储空间。

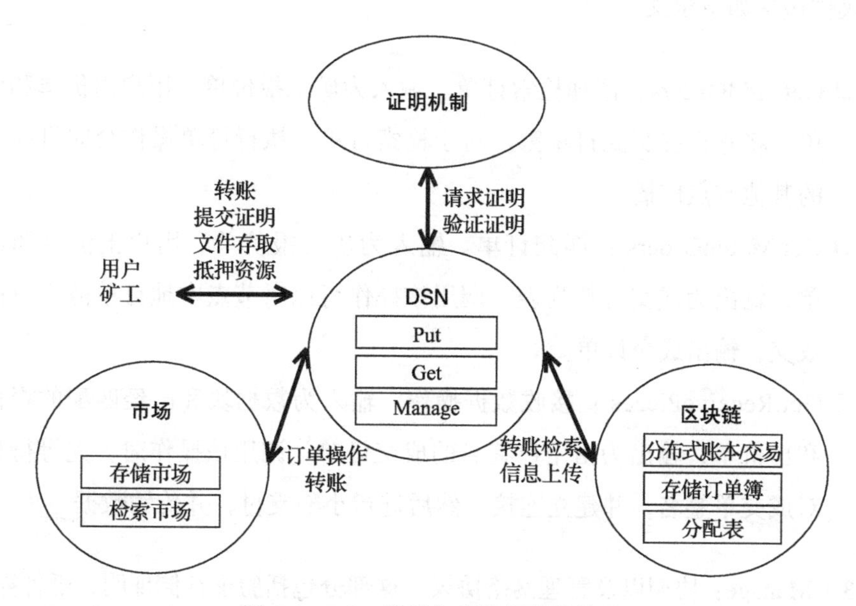

图 5-3 DSN 协议与其他组件的关系

1）Put(data)→key：客户端执行 Put 协议，返回数据标识符 Key，通过 Key 可以再次检索该数据。Put 操作包括以下定义。

- Put.AddOrders：添加存储订单操作。输入为矿工报价单、用户出价单和成交订单。该操作会将它们提交到订单簿。对于存储订单，执行订单操作会同时提交订单到区块链上。
- Put.MatchOrders：存储订单匹配操作。输入为用户的出价单和矿工的报价单，输出为成交订单。该操作对本地的订单簿进行撮合成交，输出成交订单列表。

- ❑ Put.Sendpieces：发送数据操作。输入参数为待存储的数据、已经匹配的矿工的报价单和用户的出价单，输出为用户签名的成交订单。调用该操作时，先等待矿工对成交单签名，并建立连接。最后提交由双方签名的成交订单到区块链，并发送数据。

2）Get(key)→data：客户端执行 Get 协议从 Filecoin 网络里面检索数据。Get 操作包括如下定义。

- ❑ Get.AddOrders：添加检索订单。输入为矿工报价单、用户出价单和成交单，将它们提交到订单簿。对于检索订单，执行订单操作会向目前连接的其他节点广播 。
- ❑ Get.MatchOrders：匹配订单。输入为矿工报价单、用户出价单和成交单，输出为成交订单列表。调用该操作可以对节点本地订单簿进行撮合成交，输出成交订单。
- ❑ Get.ReceivePieces：接收数据操作。输入为数据块和已经匹配的报价单和出价单，输出为由用户签名的成交订单。调用该操作时，先等待矿工对成交单签名，并建立连接，然后进行小额支付，并传输数据 。

3）Manage：协调以及管理网络协议。这部分包括验证存储证明、抵押操作、订单数据丢失的修复等。Manage 操作定义如下。

- ❑ Manage.PledgeSector：添加抵押品。输入为当前分配表，输出为添加抵押品后的分配表。该过程用于存储矿工添加抵押品，获取网络分配的存储空间。
- ❑ Manage.SealSector：封存数据操作。输入为矿工密钥、分配表、扇区序号，输出为密封证明和扇区根哈希。该过程用于封存扇区存储空间，封存后的存储证明提交到区块链以后，会随机被验证者验证。
- ❑ Manage.AssignOrders：分配订单。输入为成交单以及当前的分配表，输出为新的分配表。分配订单操作将成交单提交到分配表中。

- Manage.RepairOrders：修复订单。输入为当前时间戳、当前账本和当前分配表，输出为新的分配表和修复后的订单。
- Manage.ProveSector：证明扇区。输入为矿工密钥、随机挑战验证、扇区序号，输出为该扇区的存储证明。

以上是对 Put、Get 和 Manage 中具体操作接口的描述。

5.5.2　拜占庭问题与存储错误

作为区块链项目，节点之间的数据一致性问题是无法回避的问题，即拜占庭问题，也是区块链的核心问题之一。Filecoin 也不例外。与比特币系统不一样的是，Filecoin 除了需要解决拜占庭问题，还需要解决自身特有的系统错误。

- **拜占庭问题：** 拜占庭问题主要解决区块链不同节点之间数据一致性问题。中本聪在比特币白皮书中提出了矿工使用算力参与竞争出块权来解决拜占庭问题的方法。Filecoin 的拜占庭问题与比特币系统类似，此处不再详述。在 Filecoin 的 DSN 协议中使用了预期共识（Expected Consensus），只有新区块中包含的提交，才能被其他节点认可。
- **存储错误：** 存储矿工因意外丢失数据，检索矿工无法提供检索服务，例如恶意矿工攻击网络或者存储矿工暂时离线等。该类错误在 Filecoin 中会普遍存在。因为矿工节点不可能 100% 保证在线，一旦某一存储矿工离线，那么他所存储的数据也将离线，无法使用，即所谓的单点失效。在 Filecoin 协议中也需要避免单点失效问题。多重备份和多重检索可有效降低存储故障的风险。为此，Put 和 Get 协议可以使用参数，有两个参数 f 和 m 可供用户选择。每一份订单可以设置 m 份冗余。允许其中的 f 份失效。这个类似常见的 raid 协议。具体的方式取决于协议的最终实现。

5.5.3 DSN 协议中的两类基础操作

DSN 对数据的基础操作有两类：存储操作（Put）和检索操作（Get）。下面我们来学习一下它们的实现方式。

1. 数据存储操作

客户通过 Put 协议向存储市场的订单簿提交出价单。当找到矿工的匹配报价订单的时候，网络提交双方签署成交单到区块链存储市场订单簿。随后客户会点对点地把数据发给矿工。在订单中，用户可以指定存储时长或代币数量、独立的拷贝个数等。

客户存储操作的过程是：调用 Put.AddOrders 添加订单至订单簿；调用 Put.MatchOrders 匹配成交单；调用 Put.SendPieces 发送文件片段。

Put.AddOrders 用于添加存储订单，其输入是订单数据结构的列表，输出为布尔类型列表。执行 Put.AddOrders 过程时，DSN 会将订单广播给其他节点，等待下一次新区块产生时，提交到区块链订单簿中。这与在区块链提交交易的过程类似。过程最终返回布尔类型列表，代表是否添加成功。

> Put. AddOrders：
>
> 输入：订单列表 $O^1,\ldots,O^n$
>
> 输出：添加成功标志 $\boldsymbol{b}=\{0,1\}^n$
>
> 过程：
>
> 1）令 $tx_{\text{order}}:=O^1,\ldots,O^n$
>
> 2）提交 tx_{order} 至账本 L
>
> 3）等待添加
>
> 4）等待回复，若是 1，表示添加成功；否则失败

Put.Match 用于匹配成交单，输入为当前区块链订单簿中尚未匹配的报价单

(卖单) 和出价单 (买单)。成交的条件是，卖单价格低于或等于买单，并且卖单提供的容量大于等于买单容量。存储订单匹配服从撮合交易的原则。输出为匹配订单的集合。

> Put. MatchOrders：
>
> 输入：当前存储市场订单簿，待匹配订单 $\{O^1,\ldots,O^n\}$
>
> 输出：匹配订单集合 $\{O^1,\ldots,O^n\}$
>
> 过程：
>
> 1）如果 O^q 为报价单，则选择出价单价格低于或等于 O^q.price 同时空间大于 O^q.price
>
> 2）如果 O^q 为出价单，则选择报价单价格高于或等于 O^q.price 同时空间小于 O^q.price
>
> 3）输出匹配的订单集合

Put.SendPiece 用于生成成交单，并且构建连接用户和矿工之间连接，并且发送文件。输入为报价单、出价单和数据片段。具体过程如下，用户首先从报价单中获取矿工签名，将成交单和数据片段指纹发送给矿工。等待矿工签名后，签名后的成交单发回用户。用户检查合法后，输出成交单，并建立连接，向矿工发送文件。该过程输出为由矿工签署的成交单。

> Put.SendPiece：
>
> 输入：报价单 O_{ask}、出价单 O_{bid}、数据片段 p
>
> 输出：由 M 签署的成交单 O_{deal}
>
> 过程：
>
> 1）从 O_{ask} 获取 M 的签名
>
> 2）发送 O_{ask}、O_{bid}、p 给 M
>
> 3）接受由 M 签名后的成交单 O_{deal}
>
> 4）检查其是否合法

5）输出成交单 O_{deal}

6）建立连接，发送文件

2. 数据检索操作

用户可以通过使用 Filecoin 向检索矿工付费来提取数据。客户端通过执行 Get 协议向检索市场订单簿提交出价单。这里与存储服务不同，检索服务需要实时性，不适合在区块链实现。因此，检索服务是由用户向网络广播订单，然后由用户与矿工构成点对点连接后，通过组建支付通道，边发送文件，边进行小额支付实现的。这个过程只在最后结算时才向区块链确认。

用户读取文件的操作过程是：调用 Get.AddOrders 添加订单至检索订单簿；调用 Get.MatchOrders 匹配成交单；调用 Get.SendPieces 接收文件片段。

Get.AddOrders 用于添加检索订单。前面我们提到，检索订单无须区块链确认，不同节点视野中的订单簿可能不同。之所以这样处理，是因为检索订单对时效性要求较高，过多进行区块链操作对用户体验影响过大。添加检索订单的输入是订单列表，该过程无输出。调用该过程后，DSN 会将订单广播给其他节点。

Get. AddOrders：

输入：订单列表 $O^1,...,O^n$

输出：无

过程：

1）令 $tx_{order}:=O^1,...,O^n$

2）向网络广播 tx_{order}

Get.MatchOrders 用于匹配订单，输入为本地检索市场订单簿未匹配订单集合，输出为匹配订单集合。该过程执行撮合交易，这里与 Put.MatchOrders 类似。

Get. MatchOrders：

输入：本地检索市场订单簿，待匹配订单 $\{O^1,...,O^n\}$

输出：匹配订单集合 $\{O^1,...,O^n\}$

过程：

1）如果 O^q 为报价单，则选择出价单价格低于或等于 O^q.price 同时空间大于 O^q.space

2）如果 O^q 为出价单，则选择报价单价格高于或等于 O^q.price 同时空间小于 O^q.space

3）输出匹配的订单集合

Get.ReceivePiece 用于向矿工检索具体文件。前面我们经过订单提交和订单匹配，获取了双方都满意的检索订单。首先，用户用报价单与出价单生成成交订单，并获取矿工的身份和签名。接下来，用户与矿工之间搭建起小额支付通道，小额支付通道采用链下支付方式，用以减轻主链交易数量，提高效率。每次用户接收矿工的一个文件片段，会对文件片段验证，并向矿工提交证明和微支付。

Get.ReceivePiece：

输入：C 的签名密钥，订单簿，报价单 O_{ask}，出价单 O_{bid}，数据片段哈希 hp，数据片段 p

输出：数据片段 p

过程：

1）创建成交单 $O_{deal}=\{O_{bid},O_{ask}\}$

2）从 O_{ask} 获取矿工签名和身份

3）与矿工搭建小额支付通道

4）每次从矿工处接收文件片段 p

① 检查成交单是否匹配 O_{ask}、O_{bid}

② 检查存储证明是否对应该文件片段

③ 对该文件片段的存储证明签名，发送给矿工

④ 进行一次微支付

5）输出 p

5.5.4 存储节点操作协议

在此，我们给出存储节点的 4 类操作协议，包括添加担保品、接受订单、密封数据片段及提供存储证明。

1. 添加担保品

存储矿工在进行存储交易之前，必须先在区块链上存放担保品，矿工通过调用 Manage.PledgeSector 担保。这样做的目的是防止矿工恶意接受订单，造成用户数据丢失，或不能正常提供服务。担保品的抵押时限是提供服务的时间。如果矿工为他们存储的数据生成存储证明，这部分抵押品就会返还给用户；如果存储证明失败了，就会扣除一定数量的抵押品作为惩罚，并将其作为用户的补偿。

Manage.PledgeSector 是这一操作的接口，它的输入为当前配置表、抵押资产 Pledge。执行 PledgeSector 后，会生成一条抵押交易提交到区块链账本，交易金额与抵押金额相同。交易信息和抵押资产一并添加至 AllocTable 中。输出为更新后的 AllocTable。

Manage.PledgeSector：

输入：配置表 AllocTable，抵押操作 Pledge

输出：更改后的配置表 AllocTable`

过程：

1）复制 AllocTable 至 AllocTable`

2）令 tx_{pledge}:=(pledge)

3）提交 tx_{pledge} 到账本

4）添加新的抵押扇区至 AllocTable`

2. 接受订单

存储节点会向存储市场和区块链提交报价单，订单成交后，成交单会提交到区块链确认。用户则开始发送自己的文件数据，存储矿工接收到数据，运行 Put.ReceivePiece。数据被接收完之后，矿工和用户签收订单并将其提交到区块链。

存储节点接受订单的流程：提交存储订单到区块链 Put.AddOrders ；匹配订单 Put.MatchOrders；接收文件片段 Put.ReceivePiece。AddOrders 和 MatchOrders 都与用户执行操作相同。

Put.ReceivePiece 用于接收存储矿工的存储数据，其输入参数有矿工签名密钥、订单簿、报价单、出价单及数据片段。调用该方法后，DSN 会首先检查出价单的合法性，随后存储文件，同时生成成交单，并将存储文件指纹放入成交单中。出价单获取用户的身份，将成交单发给用户。

Put.ReceivePiece：

输入：M 的签名密钥，订单簿，报价单 O_{ask}，出价单 O_{bid}，数据片段 p

输出：由客户 C 和矿工 M 共同签署的成交单 O_{deal}

过程：

1）检查 O_{bid} 是否合法（是否在订单簿中；是否没有被其他成交单引用；空间大小是否和 p 一致；是否是由 M 签署的）

2）在本地存储 p

3）生成成交订单 $O_{deal}:=\{O_{bid},O_{ask},H(p)\}$

4）从 O_{bid} 获取用户 C 的身份

5）发送 O_{deal} 给 C

3. 密封数据片段

存储空间被分为多个扇区，并存放 DSN 传来的数据片段。网络通过分配表来跟踪每个存储矿工的扇区。当某个存储矿工的扇区填满了，这个扇区就被密封起来。这一操作需要一定的时间，对应存储证明部分的 Setup 操作。将扇区中的数据转换成为唯一且独立的副本，然后将数据的唯一物理副本与存储矿工的公钥相关联。密封的目的是，给存储证明设置一些难度，防止矿工进行存储攻击。密封的时间会远长于挑战过程给定的时间。只有密封并且保存独立副本的矿工，才能通过挑战；而期望使用一个副本来接收多个订单的矿工不能通过挑战，无法按时生成存储证明。

Manage.SealSector 为密封函数，它的输入为矿工密钥、扇区序号，以及当前分配表。其过程如下：现在矿工希望对 S_j 扇区进行扇区的密封。首先，我们找到全部的文件片段；接着，我们对文件片段进行可验证时延加密（加密时间长，解密时间短）。其输出该扇区的存储证明，调用时空证明 setup 操作。

Manage.SealSector：

输入：矿工 M 的公钥私钥对，扇区序号 j，配置表 AllocTable

输出：根哈希 rt，证明 π_SEAL

过程：

1）在扇区 S_j 找出全部数据片段 $p^1,\ldots,p^n$

2）令 $D:=\{p^1\|..\|p^n\}$

3）计算 $(R,\mathrm{rt},\pi_{\mathrm{SEAL}}):=PoSt.Setup(M,\mathrm{pk}_{\mathrm{SEAL}},D)$

4）输出 π_{SEAL},rt

4. 证明

当矿工分配好数据后，矿工需要持续生成存储证明，以确保他们没有在两次提交证明之间丢失了数据 。生成的存储证明会同步到区块链上，由网络验证。

Manage.ProveSector 函数为生成某一扇区的存储证明，其输入为矿工的密钥、扇区序号，以及由验证者提供的挑战。该过程调用后，生成这一扇区的时空证明。生成时空证明时使用的是可验证时延加密的证明函数。输出为时空证明。

Manage.ProveSector

输入：矿工 M 的公钥 / 私钥对 pk_{PoSt}，扇区序号 j，挑战 c

输出：π_{PoSt}

过程：

1）从 R 中找出扇区 j

2）计算 π_{PoSt}:=PoSt.Prove(c,pk_{PoSt},δ_{proof})

3）输出 π_{PoSt}

5.5.5 检索节点操作协议

与上述过程类似，这里我们给出检索节点的协议，接受订单，发送订单。

1. 接受订单

检索矿工从检索市场得到获取数据的请求，其会生成报价单，然后向网络广播。同时，检索节点也会监听网络的其他节点发来的订单，如果这些订单中有与自己的订单匹配的，则接受。

检索节点处理检索订单的流程如下：调用 Get. AddOrders 添加检索订单；调用 Get.MatchOrders 匹配检索订单；Put.SendPieces 与用户构建交易通道，并发送文件。

Get. AddOrders 用于添加检索订单。前面我们提到，检索订单无须区块链确认，不同节点视野中的订单簿可能不同。添加检索订单的输入是订单列表，该过程无输出。调用该过程后，DSN 会将订单广播给其他节点。Get. AddOrders 与用户操作一致。

> Get. AddOrders：
>
> 输入：订单列表 $O^1,...,O^n$
>
> 输出：添加成功标志 $b=\{0,1\}$
>
> 过程：
>
> 1）令 $tx_{order}:=O^1,...,O^n$
>
> 2）广播 tx_{order}

接着，检索节点会检查他们的订单是否匹配用户发出的出价单。Get. MatchOrders 操作与用户操作也是一致的，在这里不赘述了。

> Get. MatchOrders：
>
> 输入：当前存储市场订单簿，待匹配订单 $\{O^1,...,O^n\}$
>
> 输出：匹配订单集合 $\{O^1,...,O^n\}$
>
> 过程：
>
> 1）如果 O^q 为报价单，则选择出价单价格低于或等于 O^q.price 同时空间大于 O^q.space 的订单
>
> 2）如果 O^q 为出价单，则选择报价单价格高于或等于 O^q.price 同时空间小于 O^q.space 的订单
>
> 3）输出匹配的订单集合

2. 发送订单

一旦订单匹配，检索矿工就与用户建立支付通道，将数据发送给用户，并

且通过数笔小额订单完成交易。当数据被接收完成，支付通道断开，转账计入区块链中。如果矿工停止发送，或用户停止付款，那么当前检索中止。

Put.SendPiece 用于生成成交单，并且构建连接用户和矿工之间连接，并且发送文件。输入为报价单、出价单和数据片段。具体过程如下：首先从要加单中获取用户签名，将成交单和数据片段指纹发送用户。用户签名后将成交单发回矿工。矿工检查合法后，输出成交单，并建立连接，向用户发送文件。过程输出为由矿工签名的成交单。

Put.SendPiece：

输入：报价单 O_{ask}、出价单 O_{bid}、数据片段 p

输出：由 M 签署的成交单 O_{deal}

过程：

1）从 O_{bid} 获取 C 的签名

2）发送 O_{ask}、O_{bid} 给 C

3）接受由 C 签名后的成交单 O_{deal}

4）检查其是否合法

5）对多个数据片段 p，分别发送

① 建立连接，发送文件

② 生成并发送 p 的存储证明

5.5.6 网络操作协议

网络其他节点主要的功能是分配存储空间和修复订单，其具体操作如下。

1. 分配

网络将用户的数据片段分配给存储矿工的扇区。用户通过调用 Put 向存储市场提交出价单。当报价单和出价单匹配的时候，参与的各方共同承诺交易并向市场提交成交单。此时，网络将数据分配给矿工，并将其记录到分配表中。

Manage.AssignOrders 用于分配订单，其输入为成交单，以及当前配置表。新的订单会首先经过合法性校验，随后添加到新的分配表中。

Manage.AssignOrders：

输入：成交单 $O_{\text{Deal}}^{1},\ldots,O_{\text{Deal}}^{n}$，当前配置表 AllocTable

输出：更新后的配置表 AllocTable`

过程：

1）令 AllocTable` = AllocTable

2）对于每一个新的成交单 O_{Deal}^{i}

①验证 O_{Deal}^{i} 的合法性

②获取 M 的签名

③添加新的订单到 AllocTable`

3）输出更新后的 AllocTable`

2. 修复订单

配置表记录在区块链上，对所有参与人都是公开的。有时，矿工可能会丢失文件，或不能及时提供证明。如果出现这类情况，网络会扣除部分抵押品，以此来惩罚矿工。如果大量证明丢失或长时间不能提供证明，网络会认定存储矿工存在故障，如果网络尚有其他同样的备份，会重新生成订单；否则，向用户退还资金。

Manage.RepairOrders 用于修复订单，其输入为当前时间戳、当前账本，以及当前配置表 AllocTable。执行 Manage.RepairOrders 后，对于配置表中每一条 AllocEntry，如果还没有到需要检查的时间，那么直接跳过；如果需要检查，则进行如下操作：首先更新此 AllocEntry 的时间戳，并检查时空证明是否合法

(是否在规定时间之内反馈，是否对应该文件片段，能否通过可验证时延加密的验证)；如果该条目失效时间过长，标记为失效订单；同时尝试重新发起该订单；最终输出修复后的配置表。

Manage.RepairOrders：

输入：当前时间 t，当前账本 L，当前配置表 AllocTable

输出：新的配置表 AllocTable`，修复后的订单 $\{O_{\text{deal}}^{1},\ldots,O_{\text{deal}}^{n}\}$

过程：

1）对于 AllocTable 中每一个条目 AllocEntry

① 如果不到下一次挑战时间，跳过

② 更新 AllocEntry.time = now

③ AllocEntry 中，提交时空证明时间在限制之内，并且 PoSt.Verify(π) 合法

❑ 检查通过，标记该条目为合法

❑ 检查失败，标记该条目为非法，并惩罚该矿工的担保品

④ 如果 AllocEntry 失效时间长于 Δ_{fault}，标记为失效订单

⑤ 尝试重新发起该订单

2）输出更新后的配置表 AllocTable`，修复后的订单 $\{O_{\text{deal}}^{1},\ldots,O_{\text{deal}}^{n}\}$

5.6 Filecoin 交易市场

Filecoin 设计有两个市场——存储市场和检索市场。它们数据结构相似，但具体设计和目的不同。在存储市场里，用户和存储矿工之间撮合交易用于完成存储的操作并且管理存储矿工提交的存储证明；检索市场用于检索数据操作。两个市场均支持按出价、报价和市场价提交订单。成交后，订单系统会保证用户的数据被矿工保存，同时矿工也一定会获得相应的报酬。

从系统的效率角度来看，将交易市场分为存储市场和检索市场是必要的。存储节点和检索节点在结构设计上区别较大。分开设计，可以让矿工根据自己的设备和网络情况自由选择成为哪一类节点，这使得 Filecoin 协议的适用范围更广。

5.6.1 存储市场

存储市场允许用户（买方）提交存储订单，矿工（卖方）贡献出存储资源。在这里，我们主要回答存储市场设计需求有哪些，及其实现的原理、具体的数据结构。

1. 存储市场的需求

存储市场协议需要满足如下需求。

- **订单簿上链**：存储矿工的订单是公开，市场上每一个存储订单都对全部的用户和存储矿工公开；客户的行为都必须反映到订单簿上，即便是按市价成交的订单，也必须先提交到订单簿，最终成交单也需要提交到订单簿。
- **存储矿工提交抵押品**：存储矿工需要为自己的存储空间提供抵押品。这是因为 DSN 系统要求存储矿工提交一定数量的担保品给 DSN，如果存储矿工不能为数据提供存储证明，DSN 会向矿工收取罚款，而这些罚款的来源就是抵押品。
- **故障处理**：DSN 需要在订单规定的时间之内重复请求存储证明。当订单出现问题时，通常是存储节点无法提供合法的存储证明，会执行故障处理操作，即针对存储节点罚款，并在订单簿上重新配置存储订单，然后向用户退回相关款项。

2. 存储市场数据结构

下面主要阐述存储市场的两类数据结构，分别是订单和订单簿。这两个数据结构在前面已经多次提到，它们和其他品种的自由市场的定义是相似的。

（1）订单

订单种类包含成交订单、出价单（bid）和报价订单（ask）3种。存储矿工提交报价单出售服务，用户提交出价单购买服务。如果两个订单对某一价格达成共识，双方共同创立一个成交订单。

出价单是用户用来购买存储服务并提交到区块链网络的订单，用来表示出价意向，形式如下：

$$O_{\text{bid}}:=<\text{size, funds, price, time, coll, coding}>C_i$$

- size：存储数据的规模。
- funds：客户 C_i 的代币总量，客户在账户内至少拥有 funds。
- time：文件存储的最大时间点，这一变量也可以默认不设置，意味着当订单余额用尽的时候文件存储将自动过期。time 时间应该晚于当前系统时间，同时要晚于系统最小存储时间。
- price：Filecoin 存储的出价单价格。如果不指定，网络将设置为当前最佳市场价。
- coll：矿工在该笔订单上的抵押品。
- coding：该订单包含的智能合约代码。

报价单是由存储矿工提交到区块链账单簿的订单，用来表示矿工出售存储服务的意向。报价单形式如下：

$$O_{\text{ask}}:=<\text{space,price}>M_i$$

- space：订单中存储节点 M_i 提供的存储空间大小。
- price：矿工报价单的价格。
- M_i：目前已经在网络有抵押的担保品，并且担保品过期时间大于订单时间。订单存储空间 space 必须小于此时 M_i 的可用存储空间，即 M_i 已抵押存储空间减去订单簿中的订单时间总和。

成交单是在存储市场进行买单卖单撮合后，交给矿工和用户在此签名的订单。成交单会分别交给矿工和用户签名后，提交到分配表中。成交单的形式如下：

$$O_{\text{deal}}:=\langle \text{ask,bid,ts,hash} \rangle M_i,C_i$$

- ask：由 C_i 生成的报价单引用，报价单必须在存储市场的订单簿中，并且是唯一的，由 M_i 签名。
- bid：由 M_i 生成的出价单引用，出价单必须在存储市场的订单簿中，并且是唯一的，由 C_i 签名。
- ts：由 M_i 生成的订单时间戳。这一设计目的在于，防止恶意用户不将订单提交到订单簿，而直接使用存储节点签名过的成交单。这样会导致存储矿工无法重用这一成交订单的存储空间了。此处 ts 就是为了防止这类攻击，如果订单时间超过 ts，这一订单将被取消。
- hash：M_i 存储数据的哈希值。

（2）订单簿

订单簿是目前公开的全部订单的集合。用户和矿工可以通过 AddOrders 和 MatchOrders 操作与订单簿交互。新订单被添加到订单簿的操作，等价于一个新的订单交易被新的区块确认；同样，撤单操作也就等价于订单被区块取消 / 过期；订单成交也就是被新区块链执行。

订单簿的确认过程与转账交易过程是一样的。矿工节点在更新区块时，也会更新订单簿。每个矿工需要监听网络中的新区块，并在本地维护订单簿数据库。这与其他区块链账本是相似的。

5.6.2 检索市场

在检索市场，用户可以提交检索片段请求，等待检索矿工提供服务。检索矿工可以是网络上任何一个用户，而不需要是存储矿工本身。他不需要像前面提到的存储矿工那样，按一定周期提供存储证明。检索节点能直接通过提供检索服务获取 Filecoin 奖励。

检索市场与存储市场不同，在检索市场订单无须提交到区块链确认，而是通过订单广播实现。每次用户有检索需求时，无须经历存储订单的烦琐过程。检索订单需要快速响应，也不需要提供存储证明。

那么检索订单如何保证服务和交易都完成？检索订单在撮合后，检索矿工与用户之间会建立起支付通道，在链下完成交易。方法与其他加密数字货币的支付通道相同。即用户向网络提交一份合约，每次用户和矿工之间发生的交易都记录在合约中，在交易通道关闭时，他们的余额会一并清算完成。这样能大大提高交易速度。

在检索订单支付是类似的方法，每次检索操作，检索矿工将数据分成小块。每传输一次，用户发起一次小额的链下支付通道上的交易。如果矿工停止传输数据，或用户停止付费，则双方交易终止。这样就能确保用户发送的金额与矿工提供的服务是等价的。

下面我们继续介绍检索市场的需求及订单结构。

1. 检索市场需求

检索市场相对于存储市场而言有不同的需求。首先，相比于存储，用户更期待检索操作能得到快速响应；检索操作数目更多，更频繁；检索的费用相比于存储而言是小额支付等。设计检索市场主要考虑如下几个需求。

- **链下订单**：用户和检索矿工之间以双方定价撮合完成交易，而不需要通过区块链来确认。这是因为通过区块链提交订单簿，并且等待撮合的过程会有较大的延时，这并不适合检索的要求。
- **无信任方的检索**：存储市场里，为验证存储的合法性，引入了验证者这一角色。而检索市场则没有这一设置，矿工和用户之间交换数据不需要网络验证者见证。网络要求存储矿工将检索的数据分割成多个部分，并且每一部分完整地发给用户，便可以得到支付奖励。如果矿工和用户中的任何一方中止支付或者停止发送数据，则任何一方都能中止这一项交易请求。

- **支付通道**：当客户提交检索付款时，系统将会立即开始检索询问的文件碎片。检索矿工只有在收到付款时才会发送文件。由于性能的要求，这一功能显然不能直接从区块链主链上实现。这时就需要链下支付通道来支持快速支付。

2. 检索市场订单数据结构

同样，在检索市场也有出价单、报价单和成交单。我们下面介绍检索市场订单。相比存储市场，检索市场业务逻辑更简单，因此订单也更简洁。

出价单是客户通过广播，表明检索出价意愿的订单。出价单包括数据索引和价格。这里的索引是multi-hash类型，它也是IPFS用于检索的文件摘要。

$$O_{\text{bid}}:=<\text{piece},\text{price}>$$

- piece：请求数据的索引，此格式为multi-hash。
- price：用户 C_i 一次检索的出价。

报价单是检索矿工通过广播，表明矿工对一条检索服务的报价，其中包括数据索引和价格。索引也是multi-hash类型。

$$O_{\text{ask}}:=<\text{piece},\text{price}>$$

- piece：请求数据的索引，此格式为multi-hash。
- price：检索矿工 M_i 一次检索的报价。

成交单是检索市场撮合后，分别交给用户与检索矿工确认的订单。成交单包括报价单和出价单的引用，并需要矿工和用户分别签名生效。

$$O_{\text{deal}}:=\langle \text{ask},\text{bid}\rangle M_i, C_i$$

- ask：由 C_i 生成的报价单 O_{ask} 引用。
- bid：由 M_i 生成的出价单 O_{bid} 引用。

5.7 Filecoin 区块链共识机制

自从区块链技术诞生以来，共识机制就成为区块链需要解决的核心问题。目前，所有的区块链系统都要围绕这个问题运作，这是由区块链本身的特点决定的。Filecoin 作为新一代区块链技术，自然也是围绕这个问题进行的。这一节我们重点来学习 Filecoin 的区块链共识机制是如何设计和实现的。

前面的章节中我们介绍了 Filecoin 系统的区块链的运行原理。这一节我们重点讨论区块链的共识机制，即回答“Filecoin 究竟是如何产生新区块的”。与工作量证明机制（PoW）不同，工作量证明机制中，大量算力只能用于维护网络安全，而不能产生其他对网络的贡献。Filecoin 系统中，矿工需要时刻生成时空证明，我们也就能利用时空证明，统计各个矿工对全网存储的贡献度，进而以此设计共识机制。它的共识机制称为期望共识（EC），而 Filecoin 区块链实际上不是绝对意义的链，而是 DAG。其期望是，从数学角度来看，最佳状态是每个时刻 Filecoin 只会产生一个区块。当然也可能产生多个或者没有。因此，在主链周围会分布有一些小分支，不过它们都是账本的一部分。下面我们详细说明。

5.7.1 共识机制概述

目前工作量证明机制因为其消耗大量的能源，同时除了维护区块链系统安全性外，没有其他价值，这一点一直以来为学术界和工业界所诟病。Filecoin 试图设计更合理的共识机制是在确保其拜占庭安全的同时，更加环保，并且对系统产生更大价值。有些区块链项目开始探索新的方式，比如：将 PoW 机制中验证先导零的工作改为发现新的素数；以太坊要求矿工在执行工作量证明同时，运行脚本程序。这些都是很有价值的改进，但浪费依旧巨大。

一个很直接的思路是要求矿工使用“存储空间挖矿”，这样矿工在经济激励下会致力于投入更多的存储空间而不是计算能力，相比计算能力挖矿更节能。另一个尝试是基于 PoS 权益证明的拜占庭协议，即下一个区块中投票比重与其在系统中所占有代币份额成正比。下面会描述，如何着手设计基于用户数据存储证明的共识协议。

这里我们重点描述 Filecoin 区块链的共识机制，与目前主流公有链协议（如 PoW、PoS）不同，Filecoin 选举新区块矿工是根据它当前已用存储空间占全网存储空间的比值决定的。它的共识机制被称为期望共识（Expected Consensus，EC）。如此一来，矿工更愿意投资在更大的存储空间，而不是更大的计算力上。矿工提供存储空间，同时矿工之间相互竞争更大的存储空间，这对维护 Filecoin DSN 是有利的。

EC 共识机制思路如下：每个存储矿工为网络提供的有效存储空间占比，我们将其定义为存储算力。通过查阅区块链中合法的存储证明，任何一个节点都能获得并且验证任意节点的存储算力。在每个产生新区块的周期内，矿工利用这一周期生成的存储证明生成选票。每个矿工会检查自己的选票的哈希值是否小于该矿工的存储算力，如果满足，则说明该矿工当选本轮的领导节点，下一个区块可以由该矿工创建并发送给全网其他节点进行验证。

5.7.2 共识机制要解决的 3 个问题

运行共识机制只需解决 3 个问题：

- ❑ 计算矿工存储算力。

❑ 确定每个矿工的时空证明。

❑ 运行 EC 共识机制。

下面我们分别叙述，如何解决这 3 个问题。

1. 存储算力

Filecoin 定义挖存储算力模型，假定 n 是全部网络矿工数，p_j^t 是 t 时刻矿工 j 的挖矿算力（即该矿工此时提供时空证明的容量 M_j^t）。存储算力 P_j^t 定义为：

$$P_i^t = p_i^t / \sum_j p_j^t$$

之所以如此定义存储算力，主要考虑如下几个特点：

❑ **存储算力计算透明**。每个矿工的存储算力和全网总存储算力是公开的，任何时刻存储算力都能通过区块链订单簿查看，这是完全公开的。

❑ **可验证性**。矿工在特定时间段内需要生成存储证明，因此通过验证区块链的存储证明，任何节点都能验证存储算力计算是否合法。

❑ **灵活性**。任何时候矿工都可以很容易地提交报价单增加新的存储空间，以期接受更多的订单来增加自己的存储算力。

PoW 机制也同样满足这 3 个特点。相比于 PoW，存储算力在透明性上更优越，因为 PoW 的透明性是通过区块生成的速度计算区块链实时的算力，再对比本地算力来实现的算力透明化（这种根据出现速度来反向推导算力的做法存在一定误差）；而在存储算力的场景下，每位矿工的存储算力都公开在区块链上，只需统计链上数据即可得出矿工的精确算力。因此，EC 机制相比 PoW 机制在透明性上表现更好。

2. 时空证明容量

每间隔一定的区块高度，矿工需要提交一次存储证明，一次时空证明成功提交需要网络大部分存储算力验证合法性。每一个新区块生成，都会更新当前分配表（AllocTable），包括添加新的存储任务、删除过期任务等。而计算时空证明容量 M_j^t，只需要查询并验证 AllocTable 中的记录即可。

具体有两种方式。

1）**全节点验证**：全节点会保存完整区块链日志，进行全节点验证需要从创世区块到当前区块回溯一次，再参考此时的 AllocTable。

1）**简易存储验证**：一部分矿工并不会保存完整的区块数据，这些矿工或者节点被称作轻节点。他们如何验证时空证明的容量呢？如果此时是轻节点需要验证时空证明，它们需要向网络全节点请求。请求内容包括如下 3 条：

- 当前 j 矿工在 AllocTable 中存储任务的集合 M_i。
- 存储到区块状态树的默克尔路径，由此证明它是合法的。
- 从创始区块到任务区块的区块头。

如此，轻节点就能参与简易时空证明验证了。具体流程是：验证各个区块的合法性，从创始区块到当前区块的区块头是合法的；通过 PoRep 的验证函数，验证 M_i 中存储任务是合法的，节点给出的存储证明是有效的；验证存储任务，能通过给出的默克尔路径到达对应区块的默克尔根。这一过程与区块链简易验证类似，如图 5-4 所示。Task1 是轻钱包关注的任务，为验证 Task1 的合法性，我们无须保存全部的 Task，而是只需要灰色所示的一条哈希路径，达到区块中的默克尔根。由此就可以验证存储任务，或者存储证明的合法性。

3. EC 共识机制

Filecoin 记账节点采用类似于权益证明的方式，那些提供更大有效存储的节点将会有更大概率赢得竞选，同时获得下一个区块的记账权，这一共识机制被称作期望共识。矿工需要持续生成时空证明以确保它们存储了文件的备份，每一个存储证明同时是产生下一个区块的选票。

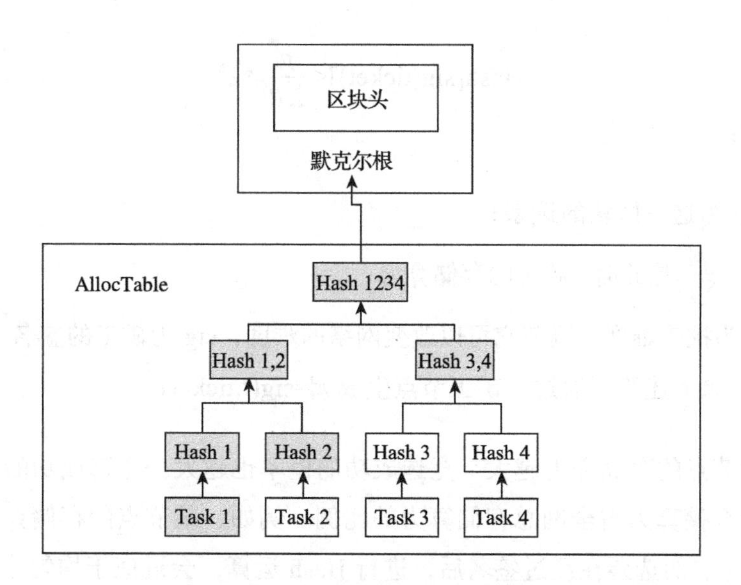

图 5-4 简易验证的默克尔树

系统在每一个固定的时间段从全体矿工中竞选出领导节点，每个时段选出的领导节点数期望是 1 个，当然，也可能会竞选出多于 1 个或者是 0 个。若网络没有选出领导节点，则添加一个空的区块在链上；若选出多个领导节点，则出现分支。直观地看出，由此产生的数据结构不再是链，而是有向无环图。完美的情况是，每次刚好有一个领导节点产生，目前，这还是一个开放性问题（open issue），但是这并不影响 Filecoin 的上线。实际上，为了尽量减少分叉的出现，我们可以通过修改网络参数，使得分叉出现的概率尽可能小。竞选出的领导节点负责新区块的创建，并且广播给全网。其他参与者通过对新区块提交签名来扩展它，一个区块被大多数参与者确认了，那么区块就被确认。具体的竞选算法和验证算法，我们在下面给出。

竞选算法细节如下：

1）网络参与者通过存储证明生成的选票 ticket，只有每次生成新的存储证明时才能产生。

2）每位矿工验证如下密码学问题：

$$\text{Hash}[\text{sig}(\text{ticket})] < \frac{p_i^t}{\sum p_i^t} * 2^L$$

其中：

ticket 为这一区块的选票；

- $P_i^t = \frac{p_i^t}{\sum p_i^t}$是此时 i 矿工的存储算力；
- L 为挖矿难度，调节它可以改变网络的难度，sig 为矿工的签名。

3）如果上述验证通过，矿工节点生成 π_t^i=sig(t,ticket)。

一个节点的存储算力越大。竞选成功的概率也越大。竞选成功的概率近似于该节点存储算力占全网总存储算力的比例。例如，某节点的存储算力占比是 0.25，那么它的选票在经过签名后，进行 Hash 运算，会近似于均匀分布地映射在 $[0,2^L]$ 这一区间内。因此，该节点被选为领导节点的概率近似于 0.25。这一方式与**权益证明（PoS）非常相似**。

验证算法细节：网络节点每接受一个新的区块，即可开始验证它。

1）验证签名的合法性，π_t^i 是否由 i 矿工签名。

2）检查 P_i^t 是否是 t 时刻 i 矿工的存储算力。

3）检查对应存储算力下密码学问题是否通过。

EC 共识机制由有如下 3 个特性。

- **公平性**：每位参与者在每次选举时都只有一次机会，最终的成功率与其存储算力占比基本一致。在期望上，成功率与存储算力大小是对等的，对网络贡献越多的节点，越有可能当选为记账矿工。
- **不可伪造**：验证信息由矿工私钥签名，其他人无法伪造。
- **可验证性**：被选举出的领导节点的时空证明会提交给其他节点验证，确保签名一致，存储证明一致，并满足区块产生条件。这一过程任何人都能够很简单地进行验证。

5.8 复制证明（PoRep）和时空证明（PoSt）

在上一章里面，我们重点讲解了 Filecoin 协议的共识机制是如何实现的。其中，提到了复制证明和时空证明两个概念。本节我们主要来学习复制证明和时空证明是如何定义和实现的。

5.8.1 存储证明的6种定义

之前提到几种存储证明的新名词，大家可能会有些陌生，我们在这里一一解释其核心思想和关系。Filecoin 定义了如下6种证明定义。

- 存储证明（Proof-of-Storage，PoS）：为存储空间提供的证明机制。
- 数据持有性证明（Provable Data PoSsession，PDP）：用户发送数据给矿工进行存储，矿工证明数据已经被自己存储，用户可以重复检查矿工是否还在存储自己的数据。
- 可检索证明（Proof-of-Retrievability，PoRet）：和 PDP 过程比较类似，证明矿工存储的数据是可以用来查询的。
- 复制证明（Proof-of-Replication，PoRep）：存储证明 PoS 的一个实际方案，用以证明数据被矿工独立地保存，可以防止女巫攻击、外源攻击和生成攻击。
- 空间证明（Proof-of-Space，PoSpace）：存储量的证明，PoSpace 是 PoW 的一种，不同的是 PoW 使用的是计算资源，而 PoSpace 使用的是存储资源。
- 时空证明（Proof-of-Spacetime，PoSt）：**证明在一段时间内，矿工在自己的存储设备上实际存储了特定的数据。**

这6种证明的定义并不是互斥独立的，PoS 包括 PDP、PoRet、PoRep、PoSpace；而 PoRep 和 PoSt 是 PoS 的两种实例，它们之间的定义相互有交叉。PoS 存储证明就是广义的存储证明定义；数据持有性证明指的是矿工有能力检索文件，既然我有能力检索，那么我就能证明持有这一文件（Ateniese 等人的工作）；PoRet 可检索证明几乎是与 PDP 同时发明的，指的是证明者能向验证者提供自己有能力检索某个文件的证明，而不只是持有文件，它们的定义很相似（Juels 等人的工作）；PoSpace 指的是矿工能为自己贡献的存储空间给出证明，而不在乎这部分空间里面存的是什么，它只关注贡献的存储空间；PoRep 条件更严苛了，它首先要求矿工对该文件进行初始化，并证明矿工持有这一初始化后的文件，矿工必须在给定时间内响应，这一时间要远短于初始化的时间，因此矿工无法在证明时间内生成持有文件；PoSt 证明在一段连续时间内拥有特殊的信息，并在自己专有的存储介质中，它强调实效性，相比前面几种定义，它的条件最多。这几种证明机制的关系如图 5-5 所示。

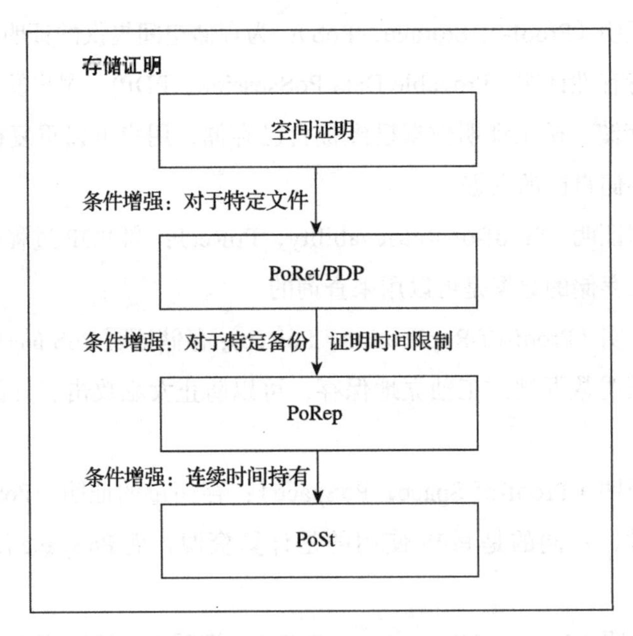

图 5-5 存储证明的关系

我们可以直观地理解为什么定义 PoRep 和 PoSt 是必需的：对于 PoSpace，若只能证明自己贡献了一段存储空间，那么假设攻击者贡献出一段空间，却不按照网络要求存放需要保存的数据，攻击者完全可以在贡献空间中存放任何东西，例如随机的数据，这样当用户需要数据时，攻击者无法提供数据，同时它却得到了系统的奖励，因此 PoSpace 不足以提供有效证明；对于 PDP 和 PoRet，攻击者会实施女巫攻击和外源攻击，这两种攻击我们在存储攻击部分讲到了，在此不赘述。

Filecoin 协议中最重要的协议是复制证明和时空证明。它们的实现方式决定了 Filecoin 矿机的配置，间接决定 Filecoin 系统的整体成本。Filecoin 提供了存储和数据下载两种服务，系统成本最终决定用户的使用成本。如果复制证明和时空证明消耗的资源过多，那么会系统性地提升整个 Filecoin 成本，这会让 Filecoin 系统的价值大打折扣。所以在复制证明和时空证明的研究上还需投入更多的资源。协议实验室为此设立了基金，专门研究该课题。

5.8.2 存储证明成员

为了详细说明证明机制，我们首先明确在证明中各个角色和过程的定义。Filecoin 证明机制的角色和过程可以抽象成如下：挑战、证明者、检验者。他们可以是矿工、用户或者任何网络内其他角色。涉及的定义如下。

- 挑战（challenge）：系统对矿工发起提问，可能是一个问题或者一系列问题，矿工答复正确，则挑战成功，否则失败。
- 证明者（prover）：一般指的是矿工。他需要向系统提交存储证明，应对交互式的随机挑战。
- 检验者（verifier）：向矿工发起挑战（challenge）的一方，来检测矿工是否完成了数据存储任务。
- 数据（data)：用户向矿工提交的需要存储的数据或者矿工已经存储的数据。
- 证明（proof)：矿工完成挑战（challenge）时候的回答。

那么验证过程就能表述成：检验者会按照一定的规则向矿工提起挑战，挑战是随机生成的，矿工不能提前获知；矿工作为证明者相应地向检验者提交证明，证明的生成需要原始数据与随机挑战信息；证明生成后，证明者会交给检验者，并由检验者判定该证明是否有效，如果有效，则挑战成功。整个过程如图 5-6 所示。

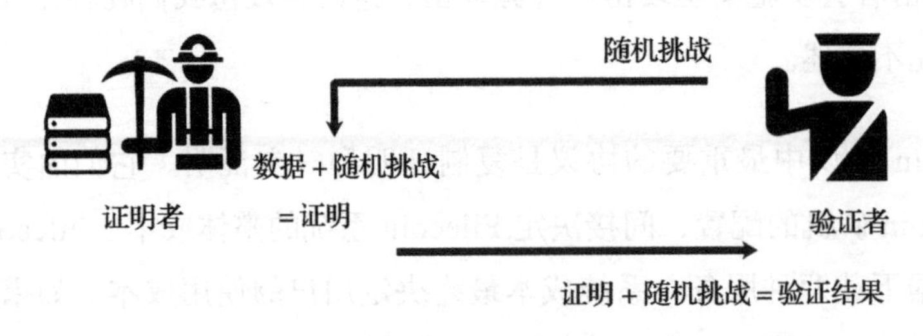

图 5-6 挑战过程

5.8.3 复制证明（PoRep）

复制证明是存储证明的一种实现方式，证明者 P 能向检验者 V 提交 PoRep 以证明自己确实在自己的存储设备上存放有某个数据 D 的备份 D_i。证明者 P 受到网络委托，存储 n 个数据 D 的独立备份；当 V 向 P 提出挑战时，P 需要向 V 证明 P 的确存储了每一个 D 的备份 D_i。这就是 PoRep 一次验证的过程。

复制证明的核心思想是：确保证明者保存了独立备份。这样做的目的是，防止恶意矿工的攻击。举例说明：如果某一矿工对网络宣称他保存了一份数据的 n 份备份，实际上该矿工通过创建多个节点（女巫攻击）的方式或者通过多个矿工共享数据（外源攻击）的方式，实际上只保存了该数据的一份备份。当检验者检验的时候，该矿工使用一份备份完成所有检验，即可达到攻击的行为。该种攻击方式称为女巫攻击。对于存数据的用户来说，原本花钱购买的多分冗余就不存在了。而对于恶意矿工来讲，使用一份存储空间获取了 n 份数据的收益。这是不允许发生的。复制证明必须有能力防止此类攻击。

那么，复制证明是如何做到的呢？复制证明使用了一种特殊的加密算法。该算法理想情况下需要满足一定的要求：

- 加密时间长，解密时间短；
- 生成存储证明复杂度低。

第一点，解密时间短指的是提取这些文件时，不会造成过大的计算资源开销，否则会对矿机的配置提出更高的要求，Filecoin 系统成本会变得非常高昂，降低了 Filecoin 系统的价值。加密时间长指的是在挑战期间，恶意矿工不能及时通过临时生成加密后的文件来完成挑战。这是因为要生成证明必须要求证明者使用加密后的文件作为输入，只有矿工实际存储了加密后的文件，才能保证按时完成挑战。使用满足要求的算法，即便该矿工拥有大量计算资源，也没有足够时间（完成挑战所需最低时间）生成存储证明。

第二点，每间隔一段时间，矿工需要提交一次存储证明。考虑到每个阶段提交证明较多，因此通过加密后的文件生成存储证明应该尽量简单快速。如图 5-7 所示，我们假设这一加密算法的验证时长是 1 倍，解密时间为 2～5 倍，挑战有效时间算作 10 倍，那么这一加密时间大约要 1000 倍才能达到安全。因为，加密过程需要的时间必须足够的长，并且尽量不能并行化（可并行化的加密算法可能让攻击者使用高性能计算机或改进计算架构来近似线性地降低执行时间），才能保证恶意矿工无法通过女巫攻击或外源攻击达到目的。

这一加密方法的设计，目前是学术界研究的问题之一，它叫作可验证时延加密算法。目前这一过程通过 BLS12-381 加密算法，多次迭代完成。

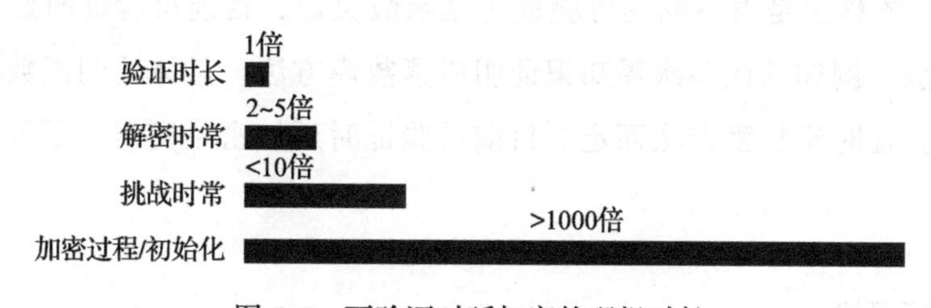

图 5-7 可验证时延加密的理想时长

基于上面的解释，如下我们给出复制证明 PoRep 的定义：PoRep 证明是验证者 V 向证明者 P 提供一段独特的数据证明 π^c，以说服 P 自己存储了数据 D 的一个特定备份 D_i，这一证明是专为 P 生成的挑战 C 的应答。PoRep 协议可以通过多项式复杂度算法元组实现。

$$\text{PoRep}_{\text{Algorithm}}=\{\text{Setup},\text{Prove},\text{Verify}\}$$

1. 初始化函数

$$\text{PoRep.Setup}(1^{\lambda}, D, \text{id}) \rightarrow R, S_P, S_V$$

其中，λ 是安全参数，通过它我们可以调整时延加密的安全系数，λ 越大，时延越长。调整它，系统可以控制加密算法在效率和安全性能之间找到平衡。id 是生成备份的序号，每一个备份拥有它独立的序号，序号不同，加密后的文件也不同。D 是副本原文件，PoRep.Setup 输出参数为 R、S_P 和 S_V。其中，R 是生成的唯一 ID 号的副本，即矿工存储的数据；S_P 是验证该副本的必要信息；S_V 是调用 PoRep.Prove 和 PoRep.Verify 的参数之一。

初始化函数最重要的是生成加密后的文件，生成这一文件的时间较长，计算量较大，这一步是确保安全的关键。

2. 证明函数

$$\text{PoRep.Prove}(S_P, R, c) \rightarrow \pi^c$$

其中，c 是验证人 V 发出的随机挑战，π^c 是 P 生成数据 D 的特定副本 R 之证明。简而言之，PoRep.Prove 由 P（证明人）为 V（验证者）生成 c 的应答 π^c。它的具体算法是由不同的可验证时延函数决定，目前可验证时延函数有多种实现方法，例如迭代多次零知识证明或素数模方法。具体证明函数根据使用不同的可验证时延加密方法而定。目前可验证时延加密是密码学研究的新热门问题。

3. 验证函数

$$\text{PoRep.Verify}(S_v, c, \pi^c) \rightarrow 0,1$$

用来检测证明是否正确。PoRep.Verify 由 V 运行和说服 V 相信 P 已经存储了 R，c 是文件的随机片段。其具体实现过程也需要依赖于特定的时延算法。证明者需要验证存储了该副本，无须向验证人发送全部的文件，而是只要提供一条从随机片段哈希到整个文件的默克尔根的路径即可。每次提交复制证明都需要计算一次默克尔路径，这样，只要保证 c 是随机的，那么在一定程度上就能保证节点不会伪造证明。

5.8.4 时空证明（PoSt）

存储证明可以允许检验者提出挑战，以判断证明者是否存储了数据的备份。那么如何能证明，在某一段时间之内，该数据被合理存储，而不是接受挑战完之后就被丢弃？一个很直接的解决方案是多次挑战多次验证，例如每间隔一段时间或者数个区块高度就进行一次挑战。这需要证明者：生成一系列的存储证明（在这里是 PoRep）用以确定时间；递归地执行生成简短证明。

PoRep 是时间点证明，证明了该时刻存储矿工存储了该文件。**PoSt 是时间区间证明，证明该时间段内存储矿工实际存储了该文件**。这也非常直观，如果仅进行一次挑战，无法证明在一段连续时间之内文件都存在。PoSt 的设计思路是，使用一种策略，每间隔一定的区块高度，或随机选择检查时间点，向存储矿工挑战。每一次挑战，矿工都需要生成一段 PoRep。如果挑战失败，矿工会被惩罚，失去担保的代币，以此来防止恶意矿工的作弊行为。

PoSt 实现方法与 PoRep 类似，在此我们给出 PoSt 的定义：PoSt 证明是验证者 V 向证明者 P 提供一段独特的数据证明，以说服 P 自己在一段 t 时间内，存储了数据 D 的一个备份 R，这一证明是专为 P 提起的挑战 C 之应答。

PoSt 协议可以通过多项式复杂度算法元组实现：

$$\text{PoSt}_{\text{Algorithm}}=\{\text{Setup},\text{Prove},\text{Verify}\}$$

1. 初始化

$$\text{PoSt.Setup}(\lambda,D)\rightarrow S_P,S_V,R$$

初始化函数与PoRep中初始化函数相同，它们使用的均是可验证时延加密方法。λ是时延加密的安全系数。其中S_P和S_V是验证时需要的参数。PoRep.Setup用来生成副本R，S_P和S_V分别为PoRep.Prove 和 PoRep.Verify重要参数。

2. 生成证明函数

$$\text{PoSt.Prove}(S_P,D,\boldsymbol{c},\boldsymbol{t})\rightarrow\{\pi^{c1},\pi^{c2},\pi^{c3},\cdots\}$$

其中，$\boldsymbol{c}$是随机挑战矢量，包含N个随机挑战；,$\boldsymbol{t}$是时间戳矢量，对应每一个随机挑战的时间戳；P（证明人）为V（验证者）生成$\boldsymbol{c}$的应答$\boldsymbol{\pi}^c$，它是与$\boldsymbol{c}$和$\boldsymbol{t}$对应的应答。PoSt是一系列不同时间点PoRep的重复请求。

3. 验证

$$\text{PoSt.Verify}(S_v,\boldsymbol{c},t,\pi^c)\rightarrow 0,1$$

用来检测证明是否正确。PoSt.Verify由V运行并使得V相信P在t时段内已经存储了R。

5.8.5 复制证明 PoRep 和时空证明 PoSt 的实现

在这个部分，我们主要介绍PoRep和PoSt在真实系统下是如何不依赖于信任第三方或可信硬件实现的。零知识证明在其中起了非常关键的作用。我们首先简单介绍非交互式零知识证明和可验证时延加密，这两种加密算法目前尚属于学术研究领域，接下来介绍PoRep和PoSt是如何在密封函数Seal中被使用的；最后介绍PoRep和PoSt算法实现。

1. 零知识证明 zk-SNARK

在PoSt和PoRep可验证时延加密中，需要用到零知识证明的方法。零知识证明zk-SNARK（Zero-Knowledge Succinct Non-interactive ARguments of Knowledge,

简洁、非交互式的零知识证明）指的是证明者能够在不向验证者提供任何有用的信息的情况下，使验证者在某个概率下相信某个论断依照大概率是正确的。它起源于最小泄漏证明，即验证者除了知道证明者能证明某一事实外，无法再得到其他任何知识。

一些匿名数字货币，例如 ZCASH，就使用零知识证明保证交易双方的身份和交易金额匿名。在 PoRep 下，我们需要验证完整文件是否被保存，但是显然，每次执行 PoRep 时，我们不能直接请求完整文件检索，这对于网络是极大的资源浪费。因此，要求证明者提供基于随机挑战的 PoRep，而在证明者角度，仅通过简介的证明就能验证矿工是否依旧保存原有的备份。这是 PoRep 使用零知识证明的原因。

下面我们给出零知识证明的定义。

zk-SNARKs 具备的简洁性、验证简单、证明简洁的特点，对于复制证明和时空证明非常有用。形式化定义如下，令 L 是一种 NP 语言，c 是 L 的一个决策过程。可信方生成两个公钥，p_k 和 v_k，分别用于生成证明和验证。任何一个证明者（矿工）使用 p_k 来生成 π 用于证明实例 $x \in L$。任何人可以利用 v_k 验证 π，因此 zk-SNARK 证明是可以被公开验证的。

定义 zk-SNARK 是如下多项式时间算法元组：

$$\text{zk-SNARK} := \{\text{KeyGen}, \text{Prove}, \text{Verify}\}$$

$\text{KeyGen}(1^\lambda, C) \rightarrow (p_k, v_k)$。给出安全参数 λ 和决策过程 c，KeyGen 依概率生成 p_k 和 v_k，两个密钥都会被公开，用以证明 / 验证。

$\text{Prove}(p_k, x, \omega) \rightarrow \pi$。给定 p_k, x，以及见证人 ω，调用 Prove 为 x 生成非交互式证明 π。

$\text{Verify}(v_k, x, \pi) \rightarrow \{\text{Success}, \text{Fail}\}$。给定验证公钥，$x$ 和证明 π，验证者调用 Verify 验证，输出成功或者失败。

2. 扇区密封函数 Seal

前面我们提到了，为了实现 PoRep，需要使用可验证时延函数以达到初始化时间长、验证证明和解密的时间短。这一初始化的过程集成在扇区密封操作中。

Seal 函数适用于：

1）强制矿工存储的备份必须是物理上独立的，即承诺存储 n 个拷贝的矿工一定需要存储 n 个独立的副本。

2）通过可验证时延加密算法，确保生成副本的时间会比挑战更长。具体操作是通过 Seal 实现，这里，t 是一个难度系数，恶意节点计算 Seal 的时间大约是通过正常计算挑战时间的 10～100 倍。很显然，t 的选择很重要，因为增大 t 会导致 Setup 时间更长，降低存储的效率，而太小又会导致恶意节点攻击的可能性增加。

Seal 是为了避免矿工发动女巫攻击设立的，即在通过多个身份约定存储多个备份，但实际存储少于约定存储的备份数，或者只存有 1 个备份。而在受到挑战时，矿工需要特定某一个备份的证明。在 Seal 函数下，生成证明的时间会长于挑战的时间，那么恶意节点自然不可能通过挑战。

值得一提的是，使用 AES-256 算法加密是第一版白皮书所设计的临时解决方案。此方案能做到时延效果，但它无法生成可快速验证的证明。Filecoin 工程上最新的实现方案采用了 BLS12-381（一种 Zcash 中所使用的新型 zk-SNARK 椭圆曲线加密算法，隶属于 Bellman 库，由 Rust 语言所实现，它的特点是小巧易用，能快速验证），同时兼备加密时延和快速可验证两个特性。

3. PoRep 实现

在这部分，我们主要描述 PoRep 协议的具体实现方法。下面是 PoRep 具体运行细节。

PoRep 协议一共包括 3 个部分：创建备份 Setup，生成存储证明 Prove，验证存储证明 Verify。创建备份操作在文件初次存储时执行，运行 Setup 操作需要花费一定的时间，以避免证明者在挑战时间内无法生成。

（1）创建备份

Setup 函数通过给定密封密钥和原数据，生成数据副本和证明。这一部分的主要工作是将待存储数据通过加密转换成唯一的备份数据。其输入是文件原始数据 D 证明者密封密钥 PK_{SEAL}，**证明者密钥对**（pk_p, sk_p）。其输出副本 R、R 的默克尔根 RT、证明 π_{SEAL}。具体过程如下：首先，通过哈希函数计算出原始文件的散列摘要 h_D；根据证明者提供的密钥连同原数据计算出唯一的副本 R。我们知道，这一个副本是唯一的，一旦生成以后，R 将按照合约一直保存（矿工保存的是 R 而不是原文件 D）。这一过程是通过调用封装函数 Seal 实现的。接下来，矿工需要向其他网络的验证者证明自己已经完成了封装操作。将原文件、原文件的摘要和副本的摘要，连同密封密钥打包起来，生成证明文件 π_{SEAL}。证明文件会提交到 DSN 的配置表中，等待其他节点验证，由此完整创建备份操作。

Setup：

输入：数据 D，证明者密封密钥 pk_S，证明者密钥对（pk_p, sk_p）

输出：副本 R，默克尔根 rt，证明 π_{SEAL}

过程：

1）计算 h_D:=CRH(D)

2）计算 R:=Seal$^\tau$ (D,sk_p)

3）计算 rt:=MerkleCRH(R)

4）令 x:=(pk_p,h_D,rt)

5）令 ω:=(sk_p,D)

6）计算 π_{SEAL}:=VF.Prove(pk_{SEAL},x,ω)

7）输出 R,rt,π_{SEAL}

（2）存储证明

Prove 算法生成副本的存储证明。当验证者发送挑战 c，并指明其验证的目标数据 R_c，证明者需要在特定的时间内提交存储证明，证明自己在当前依然存储了副本 R_c。PoRep 的要求是：生成一条通往 rt 的默克尔路径作为 PoRep 证明。输入为副本 R，随机挑战 c，证明者密钥 p_k，输出为 π_{PoS}。其实现方式如下：首先，生成副本 R 的默克尔树；找到从 rt 到 R_c 的一条默克尔路径；然后将挑战对应的文件、证明者密钥及默克尔路径封装为一个整体，并对它生成存储证明 π_{PoS}。

Prove：

输入：副本 R，随机挑战 c，证明者密钥 p_k

输出：π_P

函数：

1）计算 rt:=MerkleCRH(R)

2）计算默克尔路径 route，从 rt 到 R_c

3）令 x:=(c,)

4）令 ω:=(path,R_c)

5）计算 π_{PoS}:=VF.Prove(pk$_{\text{PoS}}$,x,ω)

6）输出 π_{PoS}

（3）验证证明

Verify 算法检查给定默克尔路径和默克尔根的合法性，证明允许公开验证。输入为证明者公钥 pk$_p$，验证者 SEAL 密钥 vk$_{\text{SEAL}}$,vk$_{\text{PoSt}}$，数据哈希 h_D，R 的默克尔根 rt，随机挑战 c，证明元组 $\{\pi_{\text{PoS}},\pi_{\text{SEAL}}\}$。这一验证存储证明算法与（2）中生成存储证明算法对应。即验证，矿工提交的存储证明与区块链配置表中保存的订单信息是否匹配，即计算两个存储证明的验证信息，对比二者差异。

Verify：

输入：证明者公钥 pk_p，验证者 SEAL 密钥 vk_{SEAL}、vk_{PoSt}，数据哈希 h_D，默克尔根 rt，拷贝 R，随机挑战 c，证明元组 (π_{SEAL},π_{PoS})

输出：证明有效性 {Success,Fail}

函数：

1）令 $x_1:=(pk_p,h_D,rt)$

2）计算 $b_1:=VF.Verify(vk_{SEAL},x_1,\pi_{SEAL})$

3）令 $x_2:=(c,rt)$

4）计算 $b_2:=V.Verify(vk_{PoS},x_2,\pi_{PoS})$

5）输出 $b_1 \wedge b_2$

4. 时空证明的实现（PoSt）

PoSt 实际上是在一段时间内间隔生成的一系列 PoRep 的证明。针对 PoSt 的实现大部分与 PoRep 是一样的，但在证明生成环节，它们较为不同。空间与时间证明：PoSt 算法为副本生成一段时空证明，证明者在时间段内从验证者那里收到随机的挑战；按此顺序生成复制证明。生成证明不是一次结束，而是反复迭代。

一次 PoSt 是通过 PoRep 实现的，具体流程如图 5-8 所示。首先根据挑战 c，通过循环次数 i 生成一个新的挑战；根据新的挑战，找到一条能够到达默克尔根 rt 的默克尔路径，由此生成当前时刻（或者说当前 i 轮）的证明；还没有结束，再由上一轮生成的证明生成新的挑战，进而生成当前轮的矿工证明，以此往复下去，累计完成了 t 次，我们将这个过程生成的证明序列全部交给检验者。

这样做的目的是，通过一系列的存储证明，网络能确保矿工在这个时段内都是能检索的，并没有在一次挑战后就丢弃或者向其他节点临时请求原文件。这样也比每生成一次证明就发送给验证者一次要好，因为它需要的网络交互更少。我们看到，在此过程中，如果 t 很大，那么必将涉及大量计算。因此，需要在网络效率和安全性之间做出权衡。

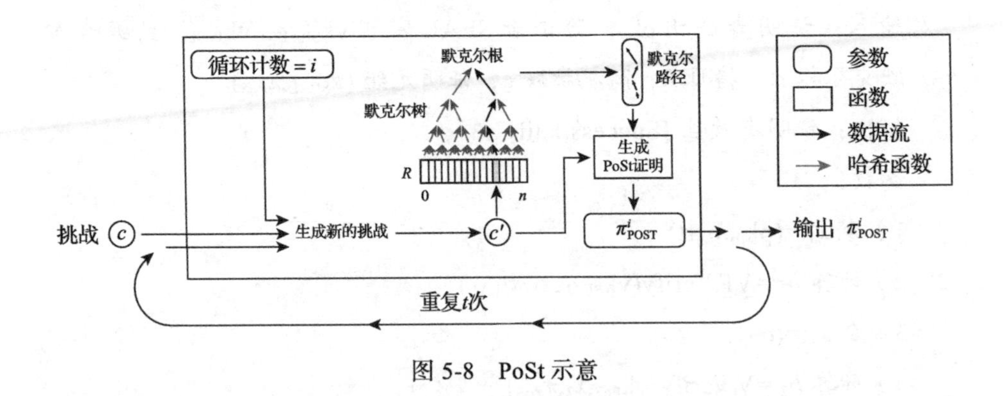

图 5-8 PoSt 示意

PoSt 初始化函数与 PoRep 相同，其输入包括数据、证明者密封密钥，以及证明者密钥对。函数具体的执行流程与 PoRep 相同，在此不赘述了。它的输出包括初始化后的备份 R、副本默克尔根 rt，以及时空证明 π_{PoST}。

Setup 函数：

输入：数据 D，证明者密封密钥 pk_{PoST}，证明者密钥对（pk_p, sk_p）

输出：副本 R,R 的默克尔根 rt，证明 π_{PoST}

函数：

1）计算 R,rt,π_{SEAL}:=PoRep.Setup

2）输出 R,rt,π_{SEAL}

PoSt 证明函数是证明者应对验证者的挑战，生成对应的应答。这需要由验证者提出挑战 c，进行初始化后的副本 R，证明者密钥 pk_{PoSt}，以及时间参数 t。时间参数 t 是进行迭代生成时空证明的次数，最终输出时空证明 π_{PoSt}。它的具体过程如下：首先由矿工生成随机挑战对应的副本片段到整个副本的默克尔路径，随后进行 t 次迭代操作。每一次循环，随机挑战被更新为上一轮的随机挑战与本轮的迭代轮数以及上一轮的存储证明整体的哈希值。如此循环往复 t 次，最后输出时空证明。

Prove 函数：

输入：副本 R，随机挑战 c，证明者密钥 pk_{PoSt}，时间参数 t

输出：π_{PoSt}

函数：

1）π_{PoS}:=NULL

2）计算默克尔路径，从 rt 到 R

3）令 x:=(c,rt)

4）循环 i=1...t

  a）c':=CRH(π_{PoS} ||c||i)

  b）计算 π_{PoS}=PoRep.Prove(pk_{PoS},R,c')

  c）令 x:=(rt,c',i)

  d）令 ω:=(π_{PoS},π_{PoSt})

  e）计算 π_{PoSt}:=PoRep.Prove(pk_{PoSt},x,ω)

5）输出 π_{PoSt}

PoSt 验证函数是验证者检查证明者生成的时空证明是否符合要求的操作。其输入是证明者公钥 pk_p、验证者 SEAL 密钥 vk_{SEAL}、vk_{PoSt}、数据哈希 h_D、默克尔根 rt、拷贝 R、随机挑战 c、证明元组 (π_{SEAL},π_{PoS})。校验过程分为两部分，通过使用可验证时延加密的验证算法，分别检查密封扇区的存储证明合法性和时空证明的合法性。最后输出校验结果。

Verify 函数：

输入：证明者公钥 pk_p，验证者 SEAL 密钥 vk_{SEAL}、vk_{PoSt}，数据哈希 h_D，默克尔根 rt，拷贝 R，随机挑战 c, 证明元组 (π_{SEAL},π_{PoS})

输出：证明有效性 {Success,Fail}

函数：

1）令 x_1:=(pk_p,h_D,rt)

2）计算 b_1:=PoRep.Verify(vk_{SEAL},x_1,π_{SEAL})

3）令 x_2:=(c,rt,t)

4）计算 b_2:=PoRep.Verify(vk_{PoS},x_2,π_{PoSt})

5）输出 $b_1 \wedge b_2$

5. 存储证明相关研究问题

大家如果仔细阅读理解了证明机制的原理和实现方式，想必会发现其中隐藏的问题。这些问题大多都还在研究中：

1）如何防止在算力相对较大的节点发动女巫攻击。这个问题我们在前面提到了，即如何设计一个算法，使得初始化加密时间尽量长，而解密和证明时间尽量短。这一算法不能并行化，不能通过提高节点的计算力缩短加密时间。这一问题是一个权衡，如何合理设计算法是一个值得关注的问题。

2）如何针对大型文件提供存储证明。

这些都是目前学术界和工业领域还在解决的问题，Filecoin 在将来可能会使用如下几种解决方式。

1）可验证时延加密函数（Verifiable Time-Delay Encoding Function）：VDF 有两大要求，即时间要求（加密时间长，而解密时间短）和可验证要求（证明与验证过程高效）。目前，设计使用的 VDF 算法是学术界研究的热点。已提出一些解决方案，例如：

- 迭代 SNARK 哈希链，迭代过程实现时延特性，zk-SNARK 本身满足可验证特性。目前已小范围被应用。
- 模的平方根方法，这也是一种常见的可验证加密方法。缺点是，生成证明的时间最好的情况和最坏的情况差一个数量级，因此很难控制加密时间。

2）CBC分组链接（CBC Stream Encoding）：大文件分组成$H=h1,h2,h3\cdots$，用h^i的密文与h^{i+1}的明文做XOR运算，然后加密，以此类推，获得密文组。它的劣势很明显，每个分块都需要计算得到前一个分块的密文。那么在此基础上，并行计算就很难实现了，对大文件的计算速度更慢。

3）深度鲁棒链（Depth Robust Chaining）：它对CBC的优化，用有向无环图方式加密分块，这样控制网络深度，就能将复杂度压缩至$O(\mathrm{Log}N)$量级。

目前，这些方法已经可以用于VDF算法，但是并不完美，我们也期待更好的零知识证明算法。

5.9 网络攻击与防范

Filecoin所面临的网络攻击不外乎以下3种：女巫攻击、外部资源攻击和生成攻击。

- 女巫攻击（Sybil Attacks）：恶意节点通过克隆ID的方式欺骗网络，以获取额外的利益。例如，用户提交向网络请求，存储n个独立的备份。而恶意节点通过生成多个身份标识，令网络误认为是多个独立的存储节点，恶意节点的实际存储少于n份或者只存储一份，但恶意节点却能够能获得n份独立备份的奖励，攻击成功。
- 外部资源攻击（Outsourcing）：恶意节点对网络宣称的数据存储量要比实际存储的少。**当网络发起挑战的时候，恶意节点临时从外部数据源请求，来完成验证过程**，即可攻击成功，恶意节点获取了额外的奖励。
- 生成攻击（Generation Attacks）：当网络发起挑战的时候，恶意节点使用某种方式临时生成数据，而其实际存储的数据量小于对网络宣称的数据量，攻击成功。

在此之前，已经有一些研究者们提出了存储证明的一些可行性方案。例如Ateniese等人曾给出了数据持有性验证方法PDP（Provable Data PoSsession）；

Juels 和 Shacham 提出了文件可恢复性证明方法 PoR（Proof of Retrievability）。在这些方法中，检验者会在向证明者提出某个外包存储数据的挑战时，无须传送全部的文件数据，只需每次随机提取一小部分数据给验证者。在提取的片段是随机的条件下，经过多次验证通过，证明者拥有文件备份的概率就会无限趋近于 1。

由于区块链技术（公链）必须是开源技术，是防范的重中之重。我们通过具体的例子进一步讲述恶意节点可能发起的攻击行为。

1. 女巫攻击

用户 Bob 向网络提交了一个存储任务，希望在网络中保存某个文件的 4 个独立备份。在正常情况下，攻击者 Alice 接受了订单，并且按要求存放数据，按时向网络提供存储证明。如果发生女巫攻击，Alice 分别使用 4 个不同的身份接下这些订单，但只保存一个备份。这意味着，用户花费了 4 个拷贝的钱，只存储了一个拷贝。而对于一些重要的文件，需要保存多个备份，以防止网络出现故障。用户会权衡备份文件的成本和出现故障的概率，选择一个自己能接受的备份数目。如果 Bob 受到了女巫攻击，则无论他试图存储多少备份，最终只有一个物理备份被存储。而 Alice 是有动机发动攻击的，因为不需要占用额外的存储空间，就能享受多倍的收益。这样一来，女巫攻击会对订单构成威胁。上述流程如，如图 5-9 所示。

上面是女巫攻击的例子，下面我们再看一个外源攻击的例子。

2. 外源攻击

用户 Bob 向网络再提交了一个存储任务，希望在网络存储某个文件的多个备份。在外源攻击下，Alice 接受这一订单，并完成了文件接收的工作。在进行一段时间的文件分析之后，Alice 发现这一资源在 Alex 手中有一模一样的备份。Alice 想到，既然能通过 Alex 获得该文件，那么在每次系统询问存储证明时，只需要向 Alex 请求这一文件的验证片段，将其交给网络，便能通过验证了。这样一来，Alice 无须存储该数据也能获得订单奖励，如图 5-10 所示。

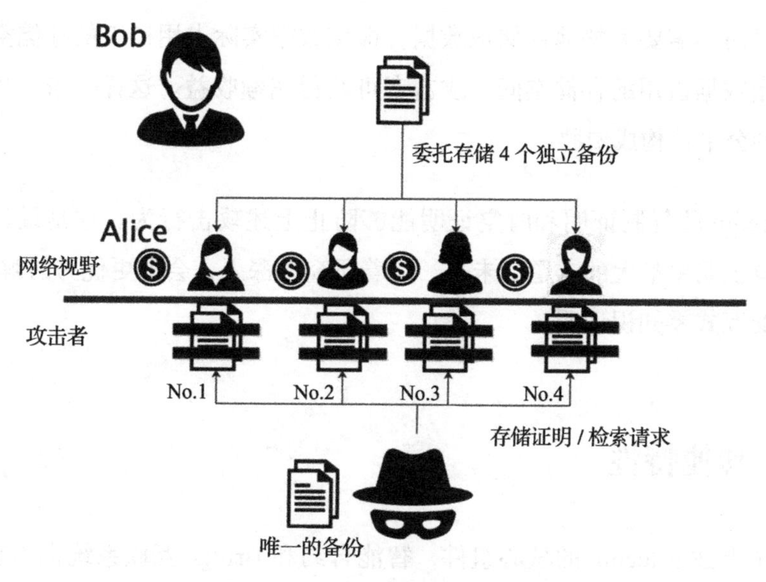

图 5-9 存储系统的女巫攻击

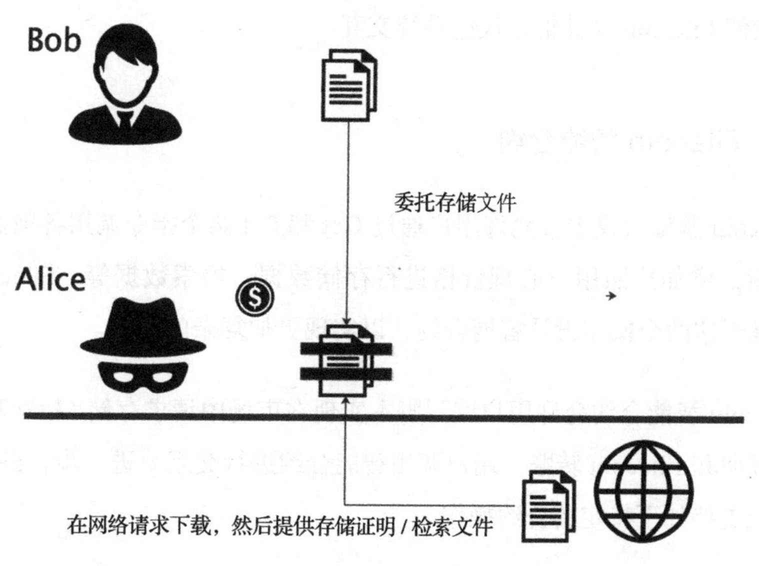

图 5-10 存储系统的外源攻击

3. 生成攻击

用户 Bob 向网络提交了一个存储任务，希望在网络存储某个文件的多个备份。在生成攻击下，Alice 接受这一订单，Alice 发现可以使用一种方式快速生成该数据而不需要完整地存储该数据，即该数据实际占用矿工的存储空间小于用户原始数据占用的存储空间，攻击者可获得超额收益。这样一来，攻击者会对系统的公平性构成威胁。

Filecoin 的复制证明和时空证明能够防止上述攻击行为。这是设计复制证明和时空证明中最大的难题。未来，随着研究的深入，会有更优秀的解决方案，例如非交互式零知识证明。

5.10 其他特性

除了上述 Filecoin 的核心组件，智能合约和 Bridge 互联系统也为它提供了更多特性。智能合约允许用户编写脚本实现更多文件的操作和交易的逻辑；互联系统能使 Filecoin 与其他区块链系统交互。

5.10.1 Filecoin 智能合约

Filecoin 基础协议中，允许用户通过 Get 和 Put 两个指令调用各项操作实现基本功能，例如按照用户心理价格进行存储数据、检索数据等。Filecoin 也允许用户基于这两个操作设计智能合约，以实现更加复杂的逻辑。

Filecoin 智能合约允许用户编写脚本实现在市场中请求存储 / 检索数据、验证存储证明和 Filecoin 转账。用户调用智能合约进行交互。进一步，Filecoin 智能合约能支持如下特定的合约操作。

1. 文件合约

用户可以自己编写、购买或者出售存储检索服务的逻辑。例如：指定矿工，用户无须参与市场，可以提前设置提供服务的矿工；支付策略，用户可以自行设计奖励机制，例如订单等待时间越长，订单价格提高；代理支付，合约允许矿工存入一部分Filecoin，代客户支付存储费用。

2. 智能合约

用户可以设计整合交易至其他市场，例如整合以太坊的交易到Filecoin中。这些交易不受存储功能的限制。基于此可以开发出更有趣的应用，例如去中心化域名服务、资产跟踪和预售平台等。

5.10.2 Bridge互联系统

Bridge工具用于将Filecoin与其他区块链系统互联，Bridge目前还在开发中，开发结束后，它能支持跨链交易和数据交互，以便能将Filecoin存储带入其他基于区块链的平台，同时也将其他平台的功能带入Filecoin。

1.Filecoin连接其他平台

其他区块链系统，例如Bitcoin、ZCash，尤其是Ethereum，它们允许开发人员编写智能合约，因为区块链将数据进行了大量备份，在这些系统上进行存储的成本会很高昂。Bridge能将Filecoin的存储和检索功能带入其他区块链系统。目前，这几个智能合约已经使用IPFS作为内容存储和分发，后续升级后会通过交换Filecoin方式，保证存储内容可用性。

2. 其他平台连接Filecoin

通过Bridge，其他区块链系统的特性也能在Filecoin上使用。例如，利用ZCash集成隐私数据分发等。

5.11 本章小结

本章主要讲了Filecoin整个系统架构和实现方式。主要包括分布式存储网络 DSN、证明机制、市场和共识机制。在这里，相对来说，DSN 和市场部分较容易理解。而共识机制和存储证明机制我们花了大半的篇幅来描述，这是本章的重点和难点。这是因为对于去中心化系统，只有合理设计系统，以避免安全攻击，才能实现网络正常运转，保证节点之间的公平。由于写作时间原因，本书的内容依赖 Filecoin 最新一版（2017 年 7 月 19 日发布）白皮书。在本书截稿时，Filecoin 测试网络已经上线。测试网络已经包括了大部分 IPFS 组件及 Filecoin 的试验性组件。最终主网的设计可能与测试网络有区别。大家可以一同参与 Filecoin 内测。从下一章开始，我们进入实战篇，上手试试 IPFS。

实战篇 Part

应用IPFS

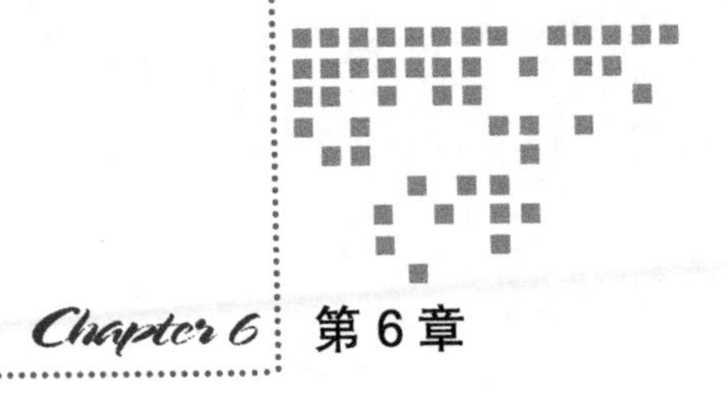

Chapter 6 第6章

IPFS开发基础

本章将着重介绍如何安装、应用IPFS，以及IPFS基本命令集的使用方法。并通过一些例子，一起动手实践，学习如何使用IPFS进行数据的存储和分发。希望大家在学习完本章内容后，能迅速掌握IPFS相关的开发基础知识。

6.1 安装IPFS

6.1.1 通过安装包安装

IPFS有多种语言的实现版本，比较主流的是Go语言和JavaScript实现的版本，且一直由官方长期更新维护。本章以Go语言版本为例。

在通过安装包安装IPFS前，请先在本机下载安装大于1.7版本的Go语言环境。关于Go语言的安装这里不做过多介绍。

我们可以通过IPFS官网https://dist.ipfs.io/#go-ipfs下载go-ipfs的预编译版本，如图6-1所示。

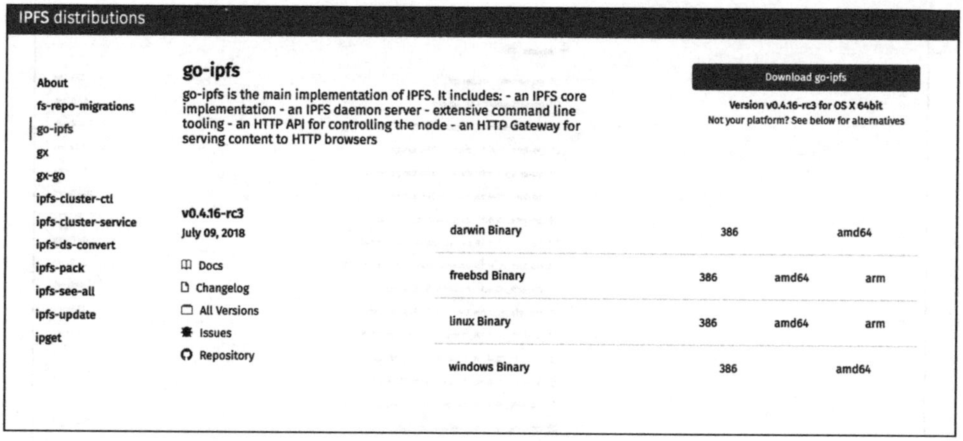

图 6-1　go-ipfs 下载

注意：

- ❑ Mac OS X 系统用户请下载 darwin Binary amd64。
- ❑ Linux 系统用户请下载 linux Binary amd64。
- ❑ Windows 系统用户请下载 windows Binary amd64。

本书使用的是 Version 0.4.16 版本和 Mac OS X 操作系统。

国内用户如果无法访问，我们也可以通过官方开放在 GitHub 上的源码仓库来获取最新发布的安装包：https://github.com/ipfs/go-ipfs/releases，如图 6-2 所示。

随后我们将下载好的安装包用如下命令解压：

```
tar xvfz go-ipfs_v0.4.16_darwin-amd64.tar.gz
```

执行如下命令来初始化安装脚本 install.sh：

```
cd go-ipfs

./install.sh
```

至此，IPFS 已被安装至根目录，无须再配置环境变量。

GitHub, Inc. [US] | https://github.com/ipfs/go-ipfs/releases

Assets 38

go-ipfs-source.tar.gz	17.9 MB
go-ipfs-source.tar.gz.cid	47 Bytes
go-ipfs-source.tar.gz.sha512	152 Bytes
go-ipfs_v0.4.18_darwin-386.tar.gz	14.9 MB
go-ipfs_v0.4.18_darwin-386.tar.gz.cid	47 Bytes
go-ipfs_v0.4.18_darwin-386.tar.gz.sha512	164 Bytes
go-ipfs_v0.4.18_darwin-amd64.tar.gz	15.1 MB
go-ipfs_v0.4.18_darwin-amd64.tar.gz.cid	47 Bytes
go-ipfs_v0.4.18_darwin-amd64.tar.gz.sha512	166 Bytes
go-ipfs_v0.4.18_freebsd-386.tar.gz	14.9 MB
go-ipfs_v0.4.18_freebsd-386.tar.gz.cid	47 Bytes
go-ipfs_v0.4.18_freebsd-386.tar.gz.sha512	165 Bytes
go-ipfs_v0.4.18_freebsd-amd64.tar.gz	15.2 MB
go-ipfs_v0.4.18_freebsd-amd64.tar.gz.cid	47 Bytes
go-ipfs_v0.4.18_freebsd-amd64.tar.gz.sha512	167 Bytes
go-ipfs_v0.4.18_freebsd-arm.tar.gz	14.3 MB
go-ipfs_v0.4.18_freebsd-arm.tar.gz.cid	47 Bytes
go-ipfs_v0.4.18_freebsd-arm.tar.gz.sha512	165 Bytes
go-ipfs_v0.4.18_linux-386.tar.gz	10.6 MB
go-ipfs_v0.4.18_linux-386.tar.gz.cid	47 Bytes
go-ipfs_v0.4.18_linux-386.tar.gz.sha512	163 Bytes
go-ipfs_v0.4.18_linux-amd64.tar.gz	13.2 MB
go-ipfs_v0.4.18_linux-amd64.tar.gz.cid	47 Bytes
go-ipfs_v0.4.18_linux-amd64.tar.gz.sha512	165 Bytes
go-ipfs_v0.4.18_linux-arm.tar.gz	10.4 MB
go-ipfs_v0.4.18_linux-arm.tar.gz.cid	47 Bytes
go-ipfs_v0.4.18_linux-arm.tar.gz.sha512	163 Bytes

图 6-2 GitHub 上的 IPFS 官方安装包集合

执行 ipfs -help 命令，会出现如图 6-3 所示的信息，表示安装完成。

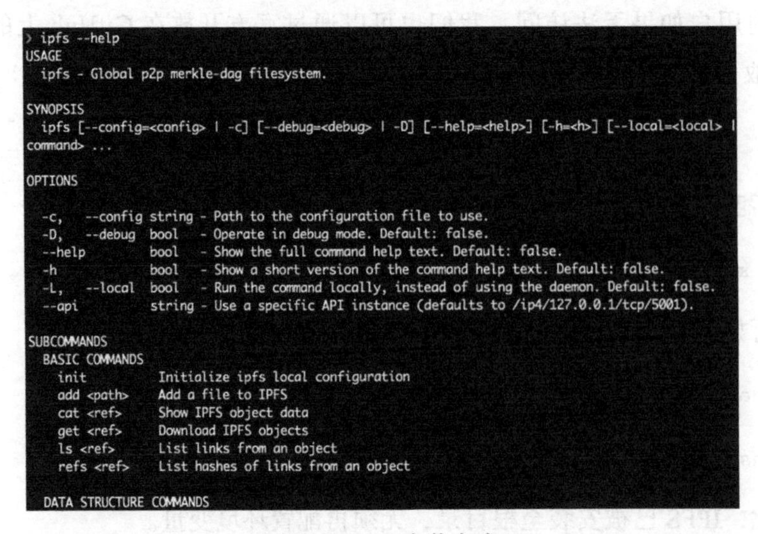

```
> ipfs --help
USAGE
  ipfs - Global p2p merkle-dag filesystem.

SYNOPSIS
  ipfs [--config=<config> | -c] [--debug=<debug> | -D] [--help=<help>] [-h=<h>] [--local=<local> |
command> ...

OPTIONS

  -c,   --config string - Path to the configuration file to use.
  -D,   --debug  bool   - Operate in debug mode. Default: false.
  --help         bool   - Show the full command help text. Default: false.
  -h             bool   - Show a short version of the command help text. Default: false.
  -L,   --local  bool   - Run the command locally, instead of using the daemon. Default: false.
  --api          string - Use a specific API instance (defaults to /ip4/127.0.0.1/tcp/5001).

SUBCOMMANDS
  BASIC COMMANDS
    init          Initialize ipfs local configuration
    add <path>    Add a file to IPFS
    cat <ref>     Show IPFS object data
    get <ref>     Download IPFS objects
    ls <ref>      List links from an object
    refs <ref>    List hashes of links from an object

  DATA STRUCTURE COMMANDS
```

图 6-3 IPFS 安装完成

6.1.2　通过Docker安装

IPFS的Docker镜像位于http://hub.docker.com/r/ipfs/go-ipfs。要在容器内部显示文件，需要使用-v docker选项安装主机目录。首先选择一个用来从IPFS导入/导出文件的目录，然后选择一个目录来存储IPFS文件，防止重新启动容器时遗失这些文件。

```
export ipfs_staging=</absolute/path/to/somewhere/>
export ipfs_data=</absolute/path/to/somewhere_else/>
```

开启一个容器并运行IPFS，暴露4001、5001、8080端口。

```
docker run -d --name ipfs_host -v $ipfs_staging:/export -v $ipfs_data:/
    data/ipfs -p 4001:4001 -p 127.0.0.1:8080:8080 -p 127.0.0.1:5001:5001
    ipfs/go-ipfs:latest
```

我们可以通过如下的docker logs命令观察ipfs log信息：

```
docker logs -f ipfs_host
```

IPFS启动成功后，显示如下信息：

```
Gateway (readonly) server listening on /ip4/0.0.0.0/tcp/8080 You can
    now stop watching the log.
```

之后，我们通过docker exec命令植入一些IPFS的命令。

```
docker exec ipfs_host ipfs <args...>
```

例如，执行对等节点连接命令。

```
docker exec ipfs_host ipfs swarm peers
```

复制一份暂存IPFS目录，向其中添加文件。

```
cp -r <something> $ipfs_staging
docker exec ipfs_host ipfs add -r /export/<something>
```

通过停止容器运行，关闭IPFS网络。

```
docker stop ipfs_host
```

6.1.3 通过ipfs-update安装

ipfs-update是一个用来更新IPFS版本的命令行工具，我们可以通过下面两种方式获得该命令：

1）直接从https://dist.ipfs.io/#ipfs-update下载，解压安装包，运行install.sh脚本进行安装。

2）如果Go语言版本高于1.8，也可以直接用以下方式安装：

```
>go get -u github.com/ipfs/ipfs-update
```

通过ipfs-update versions命令，可以列出所有可下载的IPFS版本。

```
>ipfs-update versions
v0.3.2
v0.3.4
v0.3.5
v0.3.6
v0.3.7
v0.3.8
v0.3.9
v0.3.10
v0.3.11
v0.4.0
v0.4.1
v0.4.2
v0.4.3
v0.4.4
v0.4.5
v0.4.6
v0.4.7-rc1
```

通过ipfs-update install latest命令更新并下载最新的go-ipfs版本。

```
$ipfs-update install latest
fetching go-ipfs version v0.4.7-rc1
binary downloaded, verifying...
success!
stashing old binary
installing new binary to /home/hector/go/bin/ipfs
```

```
checking if repo migration is needed...
Installation complete!
```

6.2 IPFS 仓库配置初始化

6.2.1 初始化

本机安装好 IPFS 环境后，我们使用 ipfs init 命令来初始化 IPFS 仓库。

```
$ ipfs init
initializing ipfs node at /Users/daijiale/.go-ipfs
generating 2048-bit RSA keypair...done
peer identity: Qmcpo2iLBikrdf1d6QU6vXuNb6P7hwrbNPW9kLAH8eG67z
to get started, enter:
ipfs cat /ipfs/QmYwAPJzv5CZsnA625s3Xf2nemtYgPpHdWEz79ojWnPbdG/readme
```

IPFS 在初始化的过程中，将会在本地机器上生成存储仓库。同时还会自动生成 RSA 加密密钥对，方便节点以加密的方式对创建的内容和消息进行签名。我们也能通过命令行 Log 查看初始化生成的节点身份 ID 信息。

我们可以通过 IPFS 查看文件的指令打开 IPFS 的 readme 使用说明，操作方法如下：

```
ipfs cat
/ipfs/QmYwAPJzv5CZsnA625s3Xf2nemtYgPpHdWEz79ojWnPbdG/readme
```

成功打开后的结果如下所示：

```
Hello and Welcome to IPFS!
```

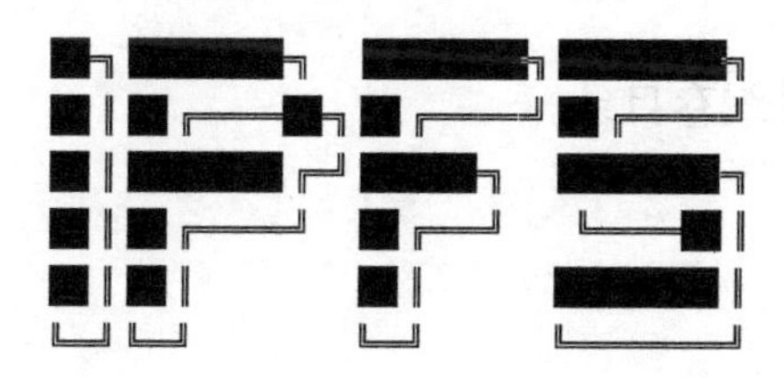

```
If you're seeing this, you have successfully installed
```

```
IPFS and are now interfacing with the ipfs merkledag!

  -------------------------------------------------------
| Warning:                                              |
|   This is alpha software. use at your own discretion! |
|   Much is missing or lacking polish. There are bugs.  |
|   Not yet secure. Read the security notes for more.   |
 -------------------------------------------------------

Check out some of the other files in this directory:

    ./about
    ./help
    ./quick-start     <-- usage examples
    ./readme          <-- this file
    ./security-notes
```

ipfs cat CID 的用法在下文会详细介绍。

6.2.2 访问配置文件

IPFS 本地仓库文件默认存储在 ~/.ipfs 路径下。

```
>ls ~/.ipfs
blocks          datastore       keystore
config          datastore_spec version
```

我们可以看到如下几个仓库归档分类的职能。

- blocks：本地仓库存储的 CID 文件块链接目录。
- keystore：密钥对文件存储目录。
- datastore：LevelDB 数据文件目录。
- datastore_spec：LevelDB 数据文件缓存目录。
- config：仓库配置文件。
- version：版本信息文件。

配置文件是 json 格式，我们可以通过 ipfs config show 或 vim config 命令来查看和编辑内容。

```
{
    //节点API配置
    "API": {
        "HTTPHeaders": {
            "Access-Control-Allow-Methods": [
                "PUT",
                "GET",
                "PoST",
                "OPTIONS"
            ],
            "Access-Control-Allow-Origin": [
                "*"
            ]
        }
    },
    //节点网络通信multiaddress配置
    "Addresses": {
        "API": "/ip4/127.0.0.1/tcp/5001",
        "Announce": [],
        "Gateway": "/ip4/127.0.0.1/tcp/8080",
        "NoAnnounce": [],
        "Swarm": [
            "/ip4/0.0.0.0/tcp/4002",
            "/ip6/::/tcp/4001"
        ]
    },
    //中继节点multiaddress配置
    "Bootstrap": [
    "/ip4/154.8.230.49/tcp/4001/ipfs/QmQ7CMp47c7HJPnBHsHvLccHK1hX6XeUY3x
     jRmbYeCYEiq"
    ],
    //Datastore存储配置
    "Datastore": {
        "BloomFilterSize": 0,
        "GCPeriod": "1h",
        "HashOnRead": false,
        "Spec": {
            "mounts": [
                {
                    "child": {
                        "path": "blocks",
                        "shardFunc": "/repo/flatfs/shard/v1/next-to-
```

```
                    last/2",
                    "sync": true,
                    "type": "flatfs"
                },
                "mountpoint": "/blocks",
                "prefix": "flatfs.datastore",
                "type": "measure"
            },
            {
                "child": {
                    "compression": "none",
                    "path": "datastore",
                    "type": "levelds"
                },
                "mountpoint": "/",
                "prefix": "leveldb.datastore",
                "type": "measure"
            }
        ],
        "type": "mount"
    },
    "StorageGCWatermark": 90,
    "StorageMax": "10GB"
},
//LibP2P Discovery配置
"Discovery": {
    "MDNS": {
        "Enabled": true,
        "Interval": 10
    }
},
//实验功能开关配置
"Experimental": {
    "FilestoreEnabled": false,
    "Libp2pStreamMounting": false,
    "ShardingEnabled": false
},
//HTTP网关配置
"Gateway": {
    "HTTPHeaders": {
        "Access-Control-Allow-Headers": [
            "X-Requested-With",
            "Range"
        ],
```

```
        "Access-Control-Allow-Methods": [
            "GET"
        ],
        "Access-Control-Allow-Origin": [
            "*"
        ]
    },
    "PathPrefixes": [],
    "RootRedirect": "",
    "Writable": false
},
//节点身份信息
"Identity": {
    "PeerID": "",
    "PrivKey": ""
},
//IPNS配置
"Ipns": {
    "RecordLifetime": "",
    "RepublishPeriod": "",
    "ResolveCacheSize": 128
},
//文件系统挂载配置
"Mounts": {
    "FuseAllowOther": false,
    "IPFS": "/ipfs",
    "IPNS": "/ipns"
},
"Reprovider": {
    "Interval": "12h",
    "Strategy": "all"
},
//P2P Swarm配置
"Swarm": {
    "AddrFilters": null,
    "ConnMgr": {
        "GracePeriod": "20s",
        "HighWater": 900,
        "LowWater": 600,
        "Type": "basic"
    },
    "DisableBandwidthMetrics": false,
    "DisableNatPortMap": false,
    "DisableRelay": false,
```

```
        "EnableRelayHop": false
    }
}
```

我们可以根据自己的业务需要和机器配置来动态设置 IPFS 仓库配置。

6.3 与 IPFS 文件系统进行交互

本节将主要介绍本地文件与 IPFS 文件系统交互的几种常用方式。

1. 添加文件进 IPFS

我们通过一个例子来看看如何将本地文件添加进 IPFS 网络。

```
//切换到本地桌面目录下
$ cd ~/Desktop

//新建ipfs-test文件目录
$ mkdir ipfs-test

//切换到ipfs-test文件目录
$ cd ipfs-test

//新建文件的同时写入一串字符串: "version 1 of my text"
$ echo "version 1 of my text" > mytextfile.txt

//查看mytextfile.txt文件内容
$ cat mytextfile.txt
version 1 of my text

//将mytextfile.txt文件添加到IPFS文件系统中
$ ipfs add mytextfile.txt
added QmZtmD2qt6fJot32nabSP3CUjicnypEBz7bHVDhPQt9aAy mytextfile.txt
```

2. 从 IPFS 中读取文件内容

我们可以通过 ipfs cat CID 命令读取 IPFS 网络中的文件内容。

```
//在IPFS网络中查看验证刚才上传的mytextfile.txt文件内容
$ ipfs cat QmZtmD2qt6fJot32nabSP3CUjicnypEBz7bHVDhPQt9aAy
version 1 of my text
```

3. 内容唯一性验证

可以直接将文本内容添加到IPFS中来测试文件哈希值（CID）是否与文件内容本身一一对应。无论我们将文件名称更改成什么，只要文件内容不变，文件的哈希值（CID）都不变。

```
//将内容添加到IPFS文件系统中
$ echo "version 1 of my text" | ipfs add
added QmZtmD2qt6fJot32nabSP3CUjicnypEBz7bHVDhPQt9aAy QmZtmD2qt6fJot3
    2nabSP3CUjicnypEBz7bHVDhPQt9aAy

//将一样内容的文本添加到IPFS文件系统中
$ ipfs add mytextfile.txt
added QmZtmD2qt6fJot32nabSP3CUjicnypEBz7bHVDhPQt9aAy mytextfile.txt

//将mytextfile.txt文本中的内容取出加入IPFS文件系统中
$ cat mytextfile.txt | ipfs add
added QmZtmD2qt6fJot32nabSP3CUjicnypEBz7bHVDhPQt9aAy QmZtmD2qt6fJot3
    2nabSP3CUjicnypEBz7bHVDhPQt9aAy
```

用3种方式对比验证之后我们可以发现，只要内容保持不变，将始终获得相同的哈希值（CID）。接着改变文件内容，来验证下IPFS内容哈希值的变化，并通过IPFS内容哈希值，将IPFS中的内容写入新文件中。

```
//改变文本，将高版本内容添加到IPFS文件系统中
$ echo "version 2 of my text" | ipfs add
added QmTudJSaoKxtbEnTddJ9vh8hbN84ZLVvD5pNpUaSbxwGoa QmTudJSaoKxtbEn
    TddJ9vh8hbN84ZLVvD5pNpUaSbxwGoa

//将IPFS文件系统中的高版本内容添加到mytextfile.txt文件中
$ ipfs cat QmTudJSaoKxtbEnTddJ9vh8hbN84ZLVvD5pNpUaSbxwGoa > mytextfile.
    txt
$ cat mytextfile.txt
version 2 of my text

//将之前IPFS文件系统中的低版本内容添加到一个新文件中
```

```
$ ipfs cat QmZtmD2qt6fJot32nabSP3CUjicnypEBz7bHVDhPQt9aAy >
    anothertextfile.txt
$ cat anothertextfile.txt
version 1 of my text
```

将文本内容更改为“version 2 of my text”，并将其添加到 IPFS 文件系统中，就可以得到一个与之前不同的内容哈希值。同时，也可以从 IPFS 中读取该内容（任何版本），并将其写入文件。例如，可以将 mytextfile.txt 的内容从“version 1 of my text”切换为“version 2 of my text”，并根据需要返回。当然，完全可以将内容写入一个新文件 anothertextfile.txt 中。

4. 在 IPFS 中写入内容文件名称和目录信息

使用 ipfs add -w CID 命令再一次向 IPFS 中添加 mytextfile.txt。

```
$ ipfs add -w mytextfile.txt
added QmZtmD2qt6fJot32nabSP3CUjicnypEBz7bHVDhPQt9aAy mytextfile.txt
added QmPvaEQFVvuiaYzkSVUp23iHTQeEUpDaJnP8U7C3PqE57w
```

上节代码中未使用 -w 标志符，输出只返回一个内容哈希值。本节使用后返回了两个哈希值。第 1 个哈希值 QmZtmD2……与之前相同，它表示文件内容的哈希值，第 2 个哈希值 QmPvaEQF……代表的是 IPFS Wrapped，包括了与内容相关的目录和文件名等信息。在接下来的步骤中，我们将使用更多的 IPFS 命令，来查看该目录的文件名信息以及如何应用。

5. 展示 IPFS Wrapped 信息

我们可以通过 ipfs ls -v 展示 IPFS Wrapped 包含的全部信息。

```
$ ipfs ls -v QmPvaEQFVvuiaYzkSVUp23iHTQeEUpDaJnP8U7C3PqE57w
Hash                                           Size Name
QmZtmD2qt6fJot32nabSP3CUjicnypEBz7bHVDhPQt9aAy 29   mytextfile.txt
```

需要注意的是，当我们的内容 CID 信息为 Wrapped 形式时，必须使用 ipfs ls 而不是 ipfs cat 来读取该信息，因为它是一个目录。如果尝试使用 ipfs cat 读取目录，则会收到以下错误消息：

```
$ ipfs cat QmPvaEQFVvuiaYzkSVUp23iHTQeEUpDaJnP8U7C3PqE57w
Error: this dag node is a directory
```

6. 通过父目录内容哈希来获取文件内容

我们可以通过如下父目录内容哈希路径格式来获取文件内容：

```
$ ipfs cat QmPvaEQFVvuiaYzkSVUp23iHTQeEUpDaJnP8U7C3PqE57w/mytextfile.txt
version 1 of my text
```

这条命令同时也能被理解为：在IPFS文件系统中查找内容哈希为QmPvaEQFVvuiaYzkSVUp23iHTQeEUpDaJnP8U7C3PqE57w/mytextfile.txt的Wrapped，并返回其目录下文件名为mytextfile.txt的内容。

6.4 加入IPFS网络环境

通过ipfs daemon命令，我们可以把本机的IPFS文件系统接入IPFS网络。

```
> ipfs daemon
Initializing daemon...
API server listening on /ip4/127.0.0.1/tcp/5001
Gateway server listening on /ip4/127.0.0.1/tcp/8080
```

如果接入成功，在运行ipfs swarm peers时能够看到p2p网络中对等方的IPFS节点地址信息。

```
> ipfs swarm peers
/ip4/104.131.131.82/tcp/4001/ipfs/QmaCpDMGvV2BGHeYERUEnRQAwe3N8SzbUt
    fsmvsqQLuvuJ
/ip4/104.236.151.122/tcp/4001/ipfs/QmSoLju6m7xTh3DuokvT3886QRYqxAzb1
    kShaanJgW36yx
/ip4/134.121.64.93/tcp/1035/ipfs/QmWHyrPWQnsz1wxHR219ooJDYTvxJPyZuDU
    PSDpdsAovN5
/ip4/178.62.8.190/tcp/4002/ipfs/QmdXzZ25cyzSF99csCQmmPZ1NTbWTe8qtKFa
    ZKpZQPdTFB
```

我们可以试着通过IPFS网络访问远端的数据。

```
>ipfs cat /ipfs/Qmd286K6pohQcTKYqnS1YhWrCiS4gz7Xi34sdwMe9USZ7u >cat.jpg
>open cat.jpg
```

我们从远端节点获取到了一张猫的图片，如图 6-4 所示。

图 6-4 远端获取 cat.jpg

通过 ipfs dht findprovs 命令，我们可以看到在 IPFS 网络中，有 20 个节点存储了我们刚才的 cat.jpg。

```
>ipfs dht findprovs Qmd286K6pohQcTKYqnS1YhWrCiS4gz7Xi34sdwMe9USZ7u
//存在于20个节点中
QmeUGXG4K4hbNPbKDUycmNsWrU3nDN69LLgHkWU2yUN6FZ
QmQNvRqhnSv4Lu75AfoZuZN6scyDkwo1uyBjMu8CFSHEpY
QmS7WeWZR2uvQGqSJkAYETbEZvR4vj8voTrAC16YBzCcQP
QmWPES12rdPZse8cvQtLYFzjDUVsfvFr2pLzywoeBSePQW
QmbYtNScMpSS8i2NTHYLdS7VuLKBStY3hdCAw6dQKi1A5w
QmeCb5cwJWu85kiyeSWSbMCTtEnL5hFy9Gu5UjjM2vHcLW
QmevtULdnUq2Bfa3Th8AjJVegG549MjKoipDXHchMQ5s3i
QmPDci3Df8bPrqcUkD1pSo1Npztbmo8iD3aTbwcj8ZwSsz
QmPEGLxDUAYTSLFoRS88T5qsFEsAhcERicDkiEL5oA2yS5
QmPEgiSxBeVhUKGpDy7vTfjw9S2CtnU7S5yVgLixDHcdgi
QmPG5uzrGucAubToGWppCQz93k7bGoEfoiFTcXzK8ZQMAH
```

```
QmPHYM134MeSem3Ncf1FFS1XyfbiV83kS79sv6LtSidRqv
QmPJSd7WB5isvxEMunKaxR1UXCbubNcuKFShDCFc1RvcU8
QmPJXhtsC1PyVUoMXSGXpSs34HYMApL7oufj9T7Mrg2fA3
QmPMe2jWoURKFo6xB5mqEk4M61EpLXiHA9EkRAhcWGmjcv
QmPPcf2mxgNE12eguAizFJfdj9qjBWucPhL8VCpL76yHcS
QmPQ6bTqExeUgv499g8YXzrB5W5bG63stCPxaXB5fHvwKV
QmPQMu6b9NbYU47z1mPnTLttZKEpNY4C8mgWvfwaouh9gr
QmPQTyaWobzeVNP2RssKcQmPps8QbbGVsTWn7HjryPr7VE
QmNMQF2wQAAnRSynuDMmgDt37DGJHUc7LxFcsdSL5LTwjK
```

6.5　与 HTTP Web 交互

要让 IPFS 文件系统与 HTTP Web 交互，需要先启动守护进程连接网络服务。

```
ipfs daemon
```

如果守护进程未启动，本地 IPFS 节点不会从其他节点中接收内容，也不会启动 HTTP 网关服务。

1. 从本地 HTTP 网关中获取 IPFS 数据

如果使用 HTTP 浏览器从本地 IPFS 网关检索文件，必须告知网关文件的 IPFS/CID 内容或者 IPNS/CID 的内容，我们在浏览器中输入以下命令：

```
http://localhost:8080/ipfs/Qmd286K6pohQcTKYqnS1YhWrCiS4gz7Xi34sdwMe9USZ7u
```

可以在浏览器中访问到上面我们用 IPFS 网络获取到本地的 cat.jpg，如图 6-5 所示。

2. 从公共 HTTP 网关获取 IPFS 数据

公共网关是指可用于访问 IPFS 网络中任何内容的公共 HTTP 网络地址，官方为我们提供了 ipfs.io 的域名网关地址，我们也可以搭建属于我们自己的公共网关地址。还是以上文的 cat.jpg 为例，我们通过公共网关 http://ipfs.io 也可以访问，且更易于分享和在项目中展现。

图 6-5 浏览器显示 cat.jpg

```
//ipfs.io由官方提供
https://ipfs.io/ipfs/Qmd286K6pohQcTKYqnS1YhWrCiS4gz7Xi34sdwMe9USZ7u

//ipfs.infura.io 由CONSENSYS团队提供
https://ipfs.infura.io/ipfs/Qmd286K6pohQcTKYqnS1YhWrCiS4gz7Xi34sdwMe9USZ7u
```

3. IPFS Web 控制台

IPFS 提供了便于查看本地节点信息的 Web 控制台服务。启动 IPFS 守护进程后，打开浏览器输入如下地址：http://localhost:5001/webui，可以直接访问 Web 控制台，如图 6-6 所示。

6.6 API 使用

安装好 IPFS 后，就可以通过命令行的形式来使用 IPFS 文件系统，并与本地文件进行一些交互，同时还能启动 IPFS 网络。除此之外，启动 IPFS 网络服务后，可以以另一种方式，即 API 的调用，来请求 IPFS 网络节点中的资源。本节我们就来全面介绍一下 IPFS 命令行工具和 API 接口的使用。

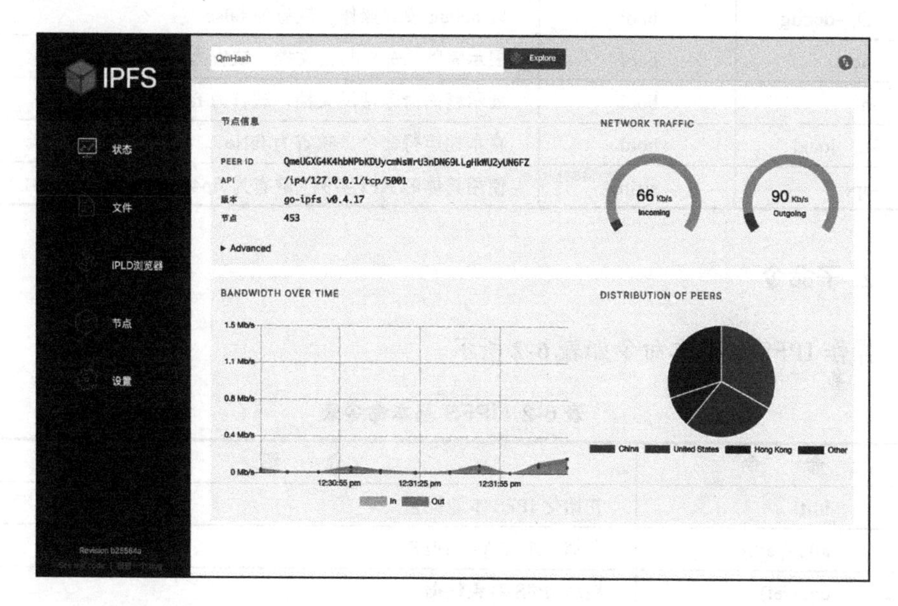

图 6-6 Web 控制台

6.6.1 IPFS 命令行用法

IPFS 命令行由 -config（配置文件路径）、-debug（Debug 模式操作）、-help（帮助文档）等多种选项和一系列 <command>（子命令）构成，命令格式如下。

```
ipfs [--config=
<config> | -c] [--debug=<debug> | -D] [--help=<help>] [-h=<h>]
    [--local=<local> | -L] [--api=<api>] <command> ...</command></
    api></local></h></help></debug></config>
```

1. 选项

IPFS 命令行选项如表 6-1 所示。

表 6-1 IPFS 命令行选项表

选项标识	选项类型	介绍
–c, –config	string	配置文件路径

（续）

选项标识	选项类型	介　绍
–D, –debug	bool	以 debug 模式操作，缺省为 false
–help	bool	展示完整的命令帮助文档，缺省为 false
–h	bool	展示精简命令帮助文档，缺省为 false
–L, –local	bool	在本地运行命令，缺省为 false
–api	string	使用具体的 API 实例（缺省为 /ip4/127.0.0.1/tcp/5001）

2. 子命令

操作 IPFS 的基本命令如表 6-2 所示。

表 6-2　IPFS 基本命令表

命　令	介　绍
init	初始化 IPFS 本地配置
add (path)	添加一个文件到 IPFS
cat (ref)	展示 IPFS 对象数据
get (ref)	下载 IPFS 对象
ls (ref)	从一个对象中列出链接
Refs (ref)	从一个对象中列出链接哈希

操作 IPFS 数据结构的命令如表 6-3 所示。

表 6-3　IPFS 数据结构命令表

命　令	介　绍
block	与数据存储中的原始块交互
object	与原始 DAG 节点交互
files	将对象抽象为 UNIX 文件系统，并与对象交互
dag	与 IPLD 文件交互（实验中）

操作 IPFS 的高级命令如表 6-4 所示。

表 6-4　IPFS 高级命令表

命　令	介　绍
daemon	开启 IPFS 运行后台进程

（续）

命　令	介　绍
mount	挂载一个 IPFS 只读的挂载点
resolve	解析多类型 CID 名称
name	发布并解析 IPNS 名称
key	创建并列出 IPNS 名字密钥对
dns	解析 DNS 链接
pin	将对象锁定到本地存储
repo	操纵 IPFS 仓库
stats	各种操作状态
filestore	管理文件仓库（实验中）

操作 IPFS 网络通信相关的命令如表 6-5 所示。

表 6-5　IPFS 网络通信命令表

命　令	介　绍
id	展示 IPFS 节点信息
bootstrap	添加或删除引导节点
swarm	管理 p2p 网络连接
dht	请求有关值或节点的分布式哈希表
ping	测量一个连接的延迟
diag	打印诊断信息

控制 IPFS 相关辅助工具的命令如表 6-6 所示。

表 6-6　IPFS 工具命令表

命　令	介　绍
config	管理配置
version	展示 IPFS 版本信息
update	下载并应用 go-ipfs 更新
commands	列出所有可用命令

IPFS 在本地文件系统中有一个仓库，其默认位置为 ~/.ipfs，可以通过设置环境变量 IPFS_PATH 改变仓库位置。

```
export IPFS_PATH=/path/to/ipfsrepo
```

3. 退出状态

命令行将以下面两种状态中的一种结束：

- ❑ 0 执行成功；
- ❑ 1 执行失败。

使用 ipfs <子命令> -help 可以获得每个命令的更多信息。

6.6.2 IPFS 协议实现扩展

IPFS 项目的工程十分庞大，有许多子项目和基于不同语言的工程实现，如表 6-7 所示。

表 6-7 IPFS 实现分类表

语 言	项目地址	完整性
Go	https://github.com/ipfs/go-ipfs	完整
JavaScript	https://github.com/ipfs/js-ipfs	完整
Python	https://github.com/ipfs/py-ipfs	启动中
C	https://github.com/Agorise/c-ipfs	启动中

IPFS 项目的实现分为多个版本，目前官方主要支持的是 Go 和 JavaScript 实现版，但是也有基于其他语言实现的内核版本，官方也在支持相关开源社区的持续建设。

6.6.3 IPFS 端 API

IPFS 除了命令集之外，还为我们提供了丰富的端 API 接口和多种语言的扩展 SDK，如表 6-8 所示。

表 6-8　IPFS API 分类表

API 种类	介　　绍	下载地址
http-api-spec	HTTP RPC 远程调用 API	https://github.com/ipfs/http-api-docs
js-ipfs-api	JavaScript 语言实现的 IPFS API 依赖库	https://github.com/ipfs/js-ipfs-api
java-ipfs-api	Java 语言实现的 IPFS API 依赖库	https://github.com/ipfs/java-ipfs-api
go-ipfs-api	Go 语言实现的 IPFS API 依赖库	https://github.com/ipfs/go-ipfs-api
py-ipfs-api	Python 语言实现的 IPFS API 依赖库	https://github.com/ipfs/py-ipfs-api
scala-ipfs-api	Scala 语言实现的 IPFS API 依赖库	https://github.com/ipfs/scala-ipfs-api
swift-ipfs-api	Swift 语言实现的 IPFS API 依赖库	https://github.com/ipfs/swift-ipfs-api
net-ipfs-api	C# 语言实现的 IPFS API 依赖库	https://github.com/TrekDev/net-ipfs-api
cpp-ipfs-api	C++ 语言实现的 IPFS API 依赖库	https://github.com/vasild/cpp-ipfs-api
rust	Rust 语言实现的 IPFS API 依赖库	https://github.com/ferristseng/rust-ipfs-api

同时，如图 6-7 所示，官方借助 Apiary.io 平台（一个可帮助企业软件开发人员快速构建、使用、设计和记录 Web API 的托管工具）为我们提供了带调试功能的接口文档工具：https://ipfs.docs.apiary.io/#，方便开发人员直接在云端调试，避免自己部署 IPFS 本地环境。

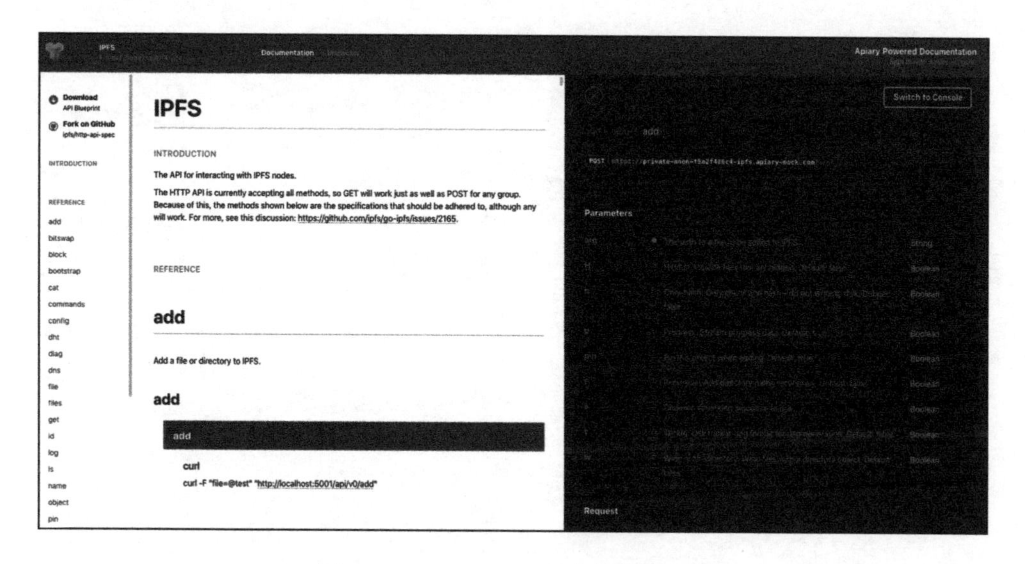

图 6-7　IPFS HTTP API 文档调试工具

6.7 本章小结

通过对本章的学习，我们了解到 IPFS 的部署安装过程和基础实战操作，通过一些小的实例，了解了如何应用 IPFS 对文件进行存储、分发。同时，本章也对 IPFS 提供的基本命令行和端 API 信息进行了比较详细的介绍，我们可以利用这些针对开发者的功能去实现上层应用。第 7 章，我们将深入 IPFS 的一些进阶实战功能，对更深层次的优异特性进行介绍。

第 7 章 Chapter 7

IPFS 开发进阶

在第 6 章中，我们学习了 IPFS 开发相关的基础知识，本章我们将介绍一些进阶内容。主要涉及如何在 IPFS 中发布动态内容，如何持久保存 IPFS 网络中的数据，如何操作 MerkleDAG 对象，如何利用 IPFS Pubsub 功能发布消息，以及私有 IPFS 网络的搭建过程。希望读者在读完本章内容后，能使 IPFS 的开发技能得到更多提升。

7.1 在 IPFS 中发布动态内容

3.7 节曾介绍过 IPFS 命名层的设计原理，也介绍了一种能在易变环境中保持固定命名的方案——星际文件命名系统（IPNS），它允许节点 ID 为限定的命名空间提供一个指向具体 IPFS 文件或目录的指针，通过改变这个指针，每次都指向最新的文件内容，可以使所有查询请求始终访问最新的内容。本节将应用 IPNS 的方案实现一种能在 IPFS 中发布动态内容而不影响命名固定性的方法。

我们通过 IPFS 命令发布一个内容，并赋予其动态变化，如下所示：

```
//新建内容文件 test-ipns.txt
$ echo "This is a old version file" > test-ipns.txt
$ ipfs add test-ipns.txt
added QmWirfi1a9F5u8scbHsqr8EuUkU3NFbCek3vQYTLv6wZaf test-ipns.txt
```

使用 ipfs name publish 命令挂载目标文件。

```
$ ipfs name publish QmWirfi1a9F5u8scbHsqr8EuUkU3NFbCek3vQYTLv6wZaf
Published to QmeUGXG4K4hbNPbKDUycmNsWrU3nDN69LLgHkWU2yUN6FZ: /ipfs/
QmWirfi1a9F5u8scbHsqr8EuUkU3NFbCek3vQYTLv6wZaf
```

这里的 QmeUG……是节点 ID，可以通过 ipfs id 验证。

```
$  ipfs id
{
    "ID": "QmeUGXG4K4hbNPbKDUycmNsWrU3nDN69LLgHkWU2yUN6FZ",
    ......
}
```

使用命令 ipfs name resolve 绑定节点 ID 信息。

```
ipfs name resolve QmeUGXG4K4hbNPbKDUycmNsWrU3nDN69LLgHkWU2yUN6FZ
/ipfs/QmWirfi1a9F5u8scbHsqr8EuUkU3NFbCek3vQYTLv6wZaf
```

在浏览器中通过 IPNS 访问内容验证效果如图 7-1 所示。

图 7-1 IPNS 访问文件内容

接下来，我们对 test-ipns.txt 文件进行修改，并将其添加到 IPFS 网络中。

```
$ echo "This is a new version file " >test-ipns.txt
$ ipfs add test-ipns.txt
added QmS1GsfjckvfuB4g1GbPjpJKf5aZMmPqddyx9VguUCK4UE test-ipns.txt
```

再修改节点 ID 与 IPFS 文件的绑定关系，映射到新的内容文件上。

```
$ ipfs name publish QmS1GsfjckvfuB4g1GbPjpJKf5aZMmPqddyx9VguUCK4UE
Published to QmeUGXG4K4hbNPbKDUycmNsWrU3nDN69LLgHkWU2yUN6FZ: /ipfs/
    QmS1GsfjckvfuB4g1GbPjpJKf5aZMmPqddyx9VguUCK4UE

$ ipfs name resolve QmeUGXG4K4hbNPbKDUycmNsWrU3nDN69LLgHkWU2yUN6FZ
/ipfs/QmS1GsfjckvfuB4g1GbPjpJKf5aZMmPqddyx9VguUCK4UE
```

我们再次访问之前的寻址路径：http://localhost:8080/ipns/QmeUGXG4K4hbNPbKDUycmNsWrU3nDN69LLgHkWU2yUN6FZ，可以看到新版本的内容如图 7-2 所示。

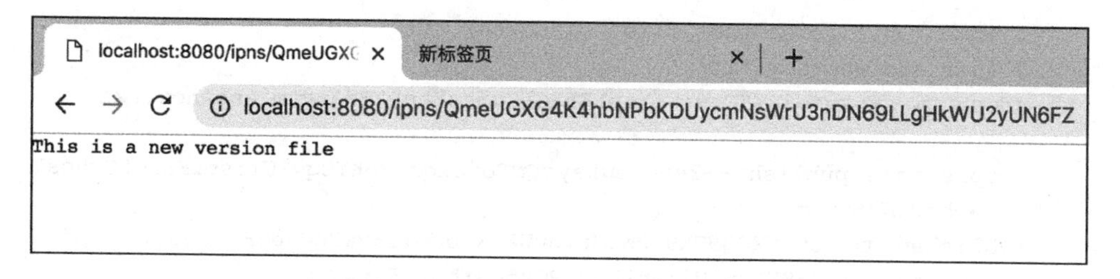

图 7-2　新版本的 test-ipns.txt 文件内容

至此，我们已经实现了一种能在 IPFS 中发布动态内容而不影响命名固定性的方法。值得注意的是，节点 ID 只有一个，假设需要同时保留多个这样的映射实例，那该怎么办？

其实 IPNS 的映射关系除了节点 ID 绑定文件内容，还有一种是通过 RSA 公钥绑定文件内容。通过 ipfs key list -l 命令可以看到本节点的所有公钥 key 值。

```
$ ipfs key list -l
QmeUGXG4K4hbNPbKDUycmNsWrU3nDN69LLgHkWU2yUN6FZ self
```

由此可见，节点默认具有一个名为 self 的 Key，它的值正是节点 ID。ipfs name publish 命令的完整形式如下：

```
ipfs name publish [--resolve=false] [--lifetime=<lifetime> | -t]
    [--ttl=<ttl>] [--key=<key> | -k] [--] <ipfs-path>
```

注意上述代码中的 –key 参数，如果不使用这个参数，则表示使用默认的

Key，也就是节点 ID。如果我们要用新的 Key 公钥绑定文件内容，就需要使用 ipfs key gen 创建新的 RSA 公钥。

```
$ ipfs key gen  --type=rsa --size=2048 newkey
QmZMXGQ9UX9i2WuMtY6uWApXtoJoiT8vx2bCVdBB6ZooBG

$ ipfs key list -l
QmeUGXG4K4hbNPbKDUycmNsWrU3nDN69LLgHkWU2yUN6FZ self
QmZMXGQ9UX9i2WuMtY6uWApXtoJoiT8vx2bCVdBB6ZooBG newkey
```

尝试用新的 RSA 公钥映射一个新的 IPFS 文件内容。

```
$ echo "This is another file" > another.txt
$ ipfs add another.txt
added QmPoyokqso3BKYCqwiU1rspLE59CPCv5csYhcPkEd6xvtm another.txt

$ ipfs name publish --key=newkey QmPoyokqso3BKYCqwiU1rspLE59CPCv5csY
    hcPkEd6xvtm
Published to QmZMXGQ9UX9i2WuMtY6uWApXtoJoiT8vx2bCVdBB6ZooBG: /ipfs/
    QmPoyokqso3BKYCqwiU1rspLE59CPCv5csYhcPkEd6xvtm

$ ipfs name resolve QmZMXGQ9UX9i2WuMtY6uWApXtoJoiT8vx2bCVdBB6ZooBG
/ipfs/QmPoyokqso3BKYCqwiU1rspLE59CPCv5csYhcPkEd6xvtm
```

这样就成功通过新的 RSA 公钥绑定文件内容，并通过 IPNS 的新公钥 ID 形式寻址到内容，如图 7-3 所示。

图 7-3 新公钥绑定的 another.txt 文件内容

7.2 持久保存 IPFS 网络数据

在 IPFS 网络中，固定资源是一个非常重要的概念，类似于一些微信聊天置顶、重要文章内容的收藏或标记等概念。因为 IPFS 具有缓存机制，我们通过

ipfs get 或 ipfs cat 对数据资源进行访问读取操作后，将使资源短期内保持在本地。但是这些资源可能会定期进行垃圾回收。要防止垃圾回收，需要对其进行 ipfs pin（固定）操作。通过该操作，每个仓库节点都能将 IPFS 网络中的数据随时固定存储在本地且不被进行垃圾回收，从而在体验上做到让使用者感觉每个资源都是从本地读取的，不像传统 C/S 架构从远程服务器为使用者检索这个文件的场景。这样做的好处是，可以提高部署在 IPFS 文件系统上众多应用的数据资源访问效率，同时保证应用中珍贵数据的全网冗余度，使其不会因为单点故障和垃圾回收策略而丢失，达到持久保存 IPFS 网络数据的效果。

默认情况下，通过 ipfs add 添加的资源是自动固定在本地仓库空间的。下面体验一下 IPFS 中的固定操作机制。

固定操作机制具有添加、查询、删除等功能，我们可以通过 ipfs pin ls、ipfs pin rm、ipfs pin ls 等具体命令来操作。如下所示，我们通过新建了一个 testfile 本地资源，并加入 IPFS 网络，使用 ipfs pin ls 验证固定资源的存在性，并通过 ipfs pin rm -r 递归删除固定资源。

```
$ echo "This is JialeDai's data ! " > testfile
$ ipfs add testfile
$ ipfs pin ls --type=all

$ ipfs pin rm -r <testfile hash>
$ ipfs pin ls --type=all
```

在熟悉了固定操作机制的具体用法后，查看数据资源固定前后垃圾回收情况的对比效果。

```
echo "This is JialeDai's data ! " > testfile
ipfs add testfile
//仓库资源回收操作
ipfs repo gc
ipfs cat <testfile hash>

//移除固定资源后
ipfs pin rm -r <testfile hash>
ipfs repo gc
```

```
ipfs cat <testfile hash>
//访问资源失效，已被回收
```

7.3 操作 IPFS Merkle DAG

Merkle Tree 和有向无环图 DAG 技术是 IPFS 的核心概念，也是 Git、Bitcoin 和 Dat 等技术的核心。在 IPFS 文件系统中，数据的存储结构大部分足以 MerkleDAG 的形式构成，第 2 章对 MerkleDAG、MerkleTree、DAG 概念的原理和内在区别有过专门的介绍，本节重点介绍如何操作 IPFS 中的 MerkleDAG 对象。这部分知识在基于 IPFS 上构建更细粒度的数据型应用需求时（例如：分布式数据库、分布式版本控制软件），显得尤为重要。

7.3.1 创建 Merkle DAG 结构

本节准备了一张大于 256KB 的样例图 merkle-tree-demo.jpg（863KB），来作为讲解案例，如下所示。常用的 ipfs add 命令将默认为文件创建 MerkleDAG 结构对象。

```
$ ipfs add merkle-tree-demo.jpg
added QmWNj1pTSjbauDHpdyg5HQ26vYcNWnubg1JehmwAE9NnU9
```

通过 ipfs object links -v 命令，可以验证 MerkleDAG 的创建情况，并从内部查看该文件的 MerkleDAG 结构信息和子对象信息。

```
QmUNquYLeK8vMTX6U6dDhwWNPG5VVywyHoAgbSoCb6JCUe 262158
QmPtKCEs6L6LgFECxuAh9VGxaxRKzGzwC8hsWKUS3wiFi3 262158
QmeVDmX4M7YcDVXuHL691KWhAYxxzmGkvspJJn5Ftt86XR 262158
QmPJ7u77a6Ud2G4PbRoScKyVkf1aHyLrJZPYqC17H6z5ke 262158
QmQrEi8D6kYXjk9UpjbpRuaGhn5fNYH6JQkK5irfpiGanc 262158
QmRQ1fAFuAvREUFT5e3qp5i1FE9AX93XEjaEwrr79QWBCD 262158
Qmaixh1bG2GiDVZ4U4HBDJ27B6Sxzch1hsDEC3na88uzpE 262158
```

如图 7-4 所示，与文件 merkle-tree-demo.jpg 对应的内容哈希 QmUNqu 是

DAG 结构中根块的哈希包含了 4 个子块，子块和根块形成了一种树状结构，且同时具有 Merkle Tree 和 DAG 结构的特性，因此被称为 Merkle DAG。

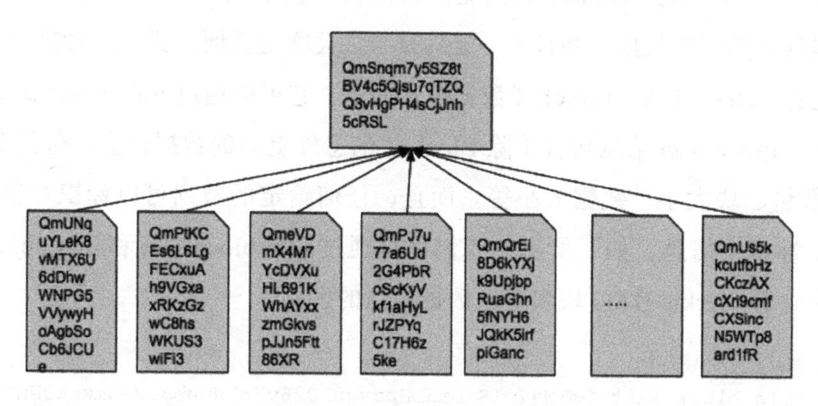

图 7-4　IPFS Merkle DAG 结构

7.3.2　组装子块数据

我们可以通过 ipfs cat 命令来读取整个文件的内容，也可以单独读取每个 Merkle DAG 块的内容，按照特定需求手动拼接子块数据，更细粒度地控制源文件或者源文件的数据内容。如下所示，我们将 QmPH、QmPC、QmS7、QmQQ 子块数据通过 ipfs cat 命令重新组装成了新图像 manually-rebuilt-tree-in-cosmos.jpg。

```
$ ipfs cat QmPHPs1P3JaWi53q5qqiNauPhiTqa3S1mbszcVPHKGNWRh
QmPCuqUTNb21VDqtp5b8VsNzKEMtUsZCCVsEUBrjhERRSR
QmS7zrNSHEt5GpcaKrwdbnv1nckBreUxWnLaV4qivjaNr3
QmQQhY1syuqo9Sq6wLFAupHBEeqfB8jNnzYUSgZGARJrYa  > manually-rebuilt-
    tree-in-cosmos.jpg
```

当然，图片的拼合只是一个很小的案例，我们可以针对不同业务来活用子块数据重组的功能。比如，想要制作一个语音密码身份校验系统，可以将校验码音频数据分为多个子块 A、B、C、D，通过 AB 子块重新组装出的子块数据可以校验一级身份，通过 ABC 重新组装出的子块数据可以校验二级身份，通过 ABCD 组装出的全块数据可以校验最高级身份。

7.3.3 块与对象的区别

在IPFS中，块（Block）指的是由其密钥（散列）标识的单个数据单元。块可以是任何类型的数据，并且不一定具有与之关联的任何格式。而对象（Object）是指遵循Merkle DAG Protobuf数据格式的块。它可以通过ipfs object命令解析和操作，ipfs object信息包含了除Block块信息外更多的数据信息，包括对象的links数量、块大小、数据大小等。而且，任何给定的散列可以标识对象信息，也可以标识块信息。如下所示，我们可以通过ipfs block stat和ipfs object stat命令来查看Merkle DAG块和对象数据信息的区别。

```
//同一CID的块信息
$ ipfs block stat QmWNj1pTSjbauDHpdyg5HQ26vYcNWnubg1JehmwAE9NnU9
Key: QmWNj1pTSjbauDHpdyg5HQ26vYcNWnubg1JehmwAE9NnU9
Size: 200

//同一CID的对象信息
$ ipfs object stat QmWNj1pTSjbauDHpdyg5HQ26vYcNWnubg1JehmwAE9NnU9
NumLinks: 4
BlockSize: 200
LinksSize: 178
DataSize: 22
CumulativeSize: 862825
```

7.3.4 操作Block

当我们在处理一些小数据的时候，可以不必通过ipfs add文件切片的形式，而是直接操作IPFS块结构来进行数据的添加。尤其在处理海量小文件的场景需求下，可以显著提高处理效率，如下所示：

```
//存储小数据进Block
$ echo "This is JialeDai's data" | ipfs block put
QmWKV9mDErzUGUEL7rAsNeoB1gigx8UvnLFCJDneJDphSb

//读取Block中小数据
$ ipfs block get QmWKV9mDErzUGUEL7rAsNeoB1gigx8UvnLFCJDneJDphSb
This is JialeDai's data
```

```
//查看Block信息
$ ipfs block stat QmWKV9mDErzUGUEL7rAsNeoB1gigx8UvnLFCJDneJDphSb
Key: QmWKV9mDErzUGUEL7rAsNeoB1gigx8UvnLFCJDneJDphSb
Size: 24

//删除Block中小数据
$ ipfs block rm QmWKV9mDErzUGUEL7rAsNeoB1gigx8UvnLFCJDneJDphSb
removed QmWKV9mDErzUGUEL7rAsNeoB1gigx8UvnLFCJDneJDphSb
```

7.3.5 操作 Object

7.3.3 节介绍了 IPFS 对象的定义。如下所示，我们可以通过 ipfs object 命令来直接操作 DAG 对象，以实现块数据和对象的信息查询、修改添加等效果。

```
//创建IPFS DAG对象
$ echo "This is JialeDai's data" | ipfs add
added QmYBrd1qV6rjrwK8JxkUWiqh9gMBNcrnRL18qWeMoC2Vrg

//通过IPFS Object Get 返回对象数据，输出为JSON格式，具有Links和Data两个属性
$ ipfs object get QmYBrd1qV6rjrwK8JxkUWiqh9gMBNcrnRL18qWeMoC2Vrg
{"Links":[],"Data":"\u0008\u0002\u0012\u0018This is JialeDai's data\
    n\u0018\u0018"}

//通过IPFS Object Data 可以直接返回解码后的data属性数据
$ ipfs object data QmYBrd1qV6rjrwK8JxkUWiqh9gMBNcrnRL18qWeMoC2Vrg
This is JialeDai's data

//新建内容为:'this is a patch'的测试文件patch.txt
echo "this is a patch" > ./patch.txt
//通过ipfs object patch命令为已有对象添加数据
$ ipfs object patch append-data
QmYBrd1qV6rjrwK8JxkUWiqh9gMBNcrnRL18qWeMoC2Vrg ./patch.txt
QmdVoCGt5gpvEdrmaVxLP9ZYjGN465mRz9tvLAPYq4gxvT

//成功把新内容和原来的`QmYB...`对象合并为新内容对象
$ ipfs object data QmdVoCGt5gpvEdrmaVxLP9ZYjGN465mRz9tvLAPYq4gxvT
This is JialeDai's data this is a patch
```

值得注意的是：IPFS Object 的分片思想和 Block 分片类似，文件存储于 Block 之中，默认超出 256KB 会自动触发分片机制，生成新 Block。而对于 Object 而言，默认子对象 Links 数量值超过 174 个也将生成新 Object。如下所示：

```
//对一个512MB的视频文件进行对象生成
$ ipfs add 512-mb-big-file.mp4
added QmYGYgzQn3YjKPrx1BZTg1CikHiB62PkJiZy8rwxBqS4ZJ 512-mb-big-
    file.mp4

//查询父层对象KEY
$ ipfs object links QmYGYgzQn3YjKPrx1BZTg1CikHiB62PkJiZy8rwxBqS4ZJ
QmTsqiFCiKHPtj5KGGxebo6br2SUo6UhUmuwipaGHk9usr 45623854
QmRaZgpYX23JvR37iPrFGKQJdQeBLpefJD1r5tEVN85PCJ 45623854
...
QmZm8TXvoA85rqCSwbgXCGY5w1kHHrx5gWtoLWNx8qo7HN 12014919

//统计子层对象links数
$ ipfs object stat QmTsqiFCiKHPtj5KGGxebo6br2SUo6UhUmuwipaGHk9usr
NumLinks: 174
BlockSize: 8362
LinksSize: 7659
DataSize: 703
CumulativeSize: 45623854

//统计子层另一个对象links数
$ ipfs object stat QmRaZgpYX23JvR37iPrFGKQJdQeBLpefJD1r5tEVN85PCJ
NumLinks: 174
BlockSize: 8362
LinksSize: 7659
DataSize: 703
CumulativeSize: 45623854
```

当然，除了上述几种常用的对象操作示例外，还有很多关于 ipfs object 的用法、功能等待我们发掘，我们可以在实际开发中，根据自身需求动手尝试。

7.4 IPFS Pubsub 功能的使用

Pubsub，Publish-subscribe pattern 发布订阅模式，最早是由苹果公司在

Mac OS 中引入的。即消息的发送者（publisher）不直接将消息发送给接收者（subscriber），而是将消息分成多个类别，发送者并不知道也无须知道接收者的存在。而接收者只需要订阅一个或多个类别的消息类，只接收感兴趣的消息，不知道也无须知道发布者的存在。写代码的朋友对于观察者模式（Observer）并不陌生。Pubsub 类似于软件设计模式中的观察者模式，但又不完全相同，Pubsub 比 Observer 更加松耦合。

Pubsub 功能目前还属于 IPFS 的一个实验性质的功能，如果要开启 Pubsub 功能，在启动 ipfs daempon 的时候需要指定参数：--enable-pubsub-experiment。

Pubsub 相关的命令如下。

- ipfs pubsub ls：列出本节点订阅的全部主题。
- ipfs pubsub peers：列出与本节点相连接的开通 pubsub 功能的节点。
- ipfs pubsub pub <topic> <data>：发布数据到相应的主题。
- ipfs pubsub sub <topic>：订阅主题。

下面将通过一个实例说明 IPFS Pubsub 的使用方法，并动手搭建两个跨越不同网络、不同地域的 IPFS 节点，通过 Pubsub 功能进行节点间消息通信。

1. 准备节点环境

对于 A 节点（本地节点），我们需要进行如下准备。

- IPFS 节点 ID：QmTrRNgt6M9syRq8ZqM4o92Fgh6avK8v862n2QZLyDPywY
- IPFS 地址：192.168.162.129（保护隐私，没有使用公网 IP）

对于 B 节点（亚马逊 AWS），我们需要进行如下准备：

- IPFS 地址：13.231.198.154

- IPFS 节点地址：/ip4/13.231.198.154/tcp/4001/ipfs/QmXL2h6Y51BHZMaypzjCnNc1MiVk2H5EZJxWgAuRkLanaK

2. 启动节点 B

启动 B 节点的方法如下：

```
ipfs daemon --enable-pubsub-experiment
```

注意这里需要使用参数 –enable-pubsub-experiment。

3. 将节点 A 与 B 直连

删除节点 A 全部的 bootstrap 地址。

```
ipfs bootstrap rm all
```

在 A 节点处添加 B 节点为 bootstrap 节点。

```
ipfs bootstrap add
/ip4/13.231.198.154/tcp/4001/ipfs/QmXL2h6Y51BHZMaypzjCnNc1MiVk2H5EZJ
    xWgAuRkLanaK
```

4. 启动节点 A

启动 A 节点的方法如下：

```
ipfs daemon --enable-pubsub-experiment
```

同上，需要使用参数 –enable-pubsub-experiment。

5. Pubsub 消息

在 A 节点上新开一个命令行，执行如下命令：

```
localhost:aws tt$ ipfs pubsub sub IPFS-Book
```

上述命令的含义是，我们在节点 A 订阅了消息主题：IPFS-Book。凡是发往这个消息主题的消息都会被 A 节点接收。

在 B 节点对消息主题 IPFS-Book 发送以下消息：

```
ubuntu@ip-172-31-22-177:$ ipfs pubsub pub IPFS-Book
"Author:TianyiDong,JialeDai,YumingHuang!"
```

这时候就可以在 A 节点的命令行看到如下消息输出：

```
Author:TianyiDong,JialeDai,YumingHuang!
localhost:aws tt$ ipfs pubsub sub IPFS-Book
Author:TianyiDong,JialeDai,YumingHuang!
```

我们看到了两个跨越不同网络、不同地域的 IPFS 节点进行 Pubsub 功能的通信。实际上，Pubsub 功能不只限于两个直连的节点间，还可以通过中间节点进行中转。例如：有 A、B、C 三个节点，A 连接到 B，B 连接到 C，A 与 C 并不直接连接，那么 A 仍然可以订阅并且收到来自于 C 的消息。这在一些复杂的网络环境里面非常有用，比如一些 NAT 不太友好的网络环境。

Pubsub 的功能有很多用途，目前 IPFS 上有两个标杆应用是基于 Pubsub 功能进行搭建的，一个是分布式数据库 orbit-db，一个是点对点的聊天工具 Orbit。大家也可以发挥自己的想象，将这项功能使用在更多应用场景中。

7.5　私有 IPFS 网络的搭建与使用

我们知道 HTTP 可以搭建专属私网，那么 IPFS 是否也可以搭建自己的私有网络呢？答案是肯定的。本节我们将学习 IPFS 私有网络的搭建步骤和私有网络的传输效果。

要想搭建一个私有网络，首先需要进行网络环境的前期准备，这里计划使用 3 台云主机和一台本地机器来进行构建。同时，生成私网密钥，隔离与外网环境的通信。之后，验证网络的连通情况，并在私网中进行文件传输测试，观察传输效果。

7.5.1 环境准备

对 A 节点（本地节点（Mac））进行如下准备。

- IP：动态 IP。
- IPFS 节点 ID：QmTrRNgt6M9syRq8ZqM4o92Fgh6avK8v862n2QZLyDPywY。

对 B 节（亚马逊 AWS）进行如下准备。

- IP：13.230.162.124。
- IPFS 节点 ID：QmRQH6TCCq1zpmjdPKg2m7BrbVvkJ4UwnNHWD6ANLqrdws。

对 C 节点（亚马逊 AWS）进行如下准备。

- IP：13.231.247.2。
- IPFS 节点 ID：QmTTEkgUpZJypqw2fXKagxFxxhvoNsqfs5YJ9zHLBoEE29。

对 D 节点（亚马逊 AWS）进行如下准备。

- IP：13.114.30.87。
- IPFS 节点 ID：Qmc2AH2MkZtwa11LcpHGE8zW4noQrn6xue7VcZCMNYTpuP。

7.5.2 共享密钥

私有网络所有的节点必须共享同一个密钥，首先使用密钥创建工具创建一个密钥，该工具的安装下载需要使用 Go 环境。关于 Go 语言的安装此处不过多介绍，可以登录 Go 语言官网下载安装配置。

```
go get -u http://github.com/Kubuxu/go-ipfs-swarm-key-gen/ipfs-swarm-key-gen
```

创建密钥：

```
ipfs-swarm-key-gen > ~/.ipfs/swarm.key
```

创建完成后，将密钥文件放在自己的 IPFS 默认配置文件夹中（~/.ipfs/）。

7.5.3 上传密钥至节点

使用了 scp 上传密钥文件至远程服务器。

```
scp -i ss-server.pem ~/.ipfs/swarm.key ubuntu@13.114.30.87:~/.ipfs/
scp -i ss-server.pem ~/.ipfs/swarm.key ubuntu@13.230.162.124:~/.ipfs/
scp -i ss-server.pem ~/.ipfs/swarm.key ubuntu@13.231.247.2:~/.ipfs/
```

7.5.4 添加启动节点

运行 ipfs init 命令后默认启动的节点是连接 IPFS 公网的节点。如果要连接私有网络，在每一个节点执行如下操作，删除所有的默认启动节点。

```
ipfs bootstrap rm -all
```

然后添加一个自己的默认节点（私有网络中的一个节点），默认节点可以是 A、B、C、D 中的任何一个。

我们选取 D 节点作为启动节点，在 A、B、C 节点执行如下操作，把 D 节点的地址添加到 A、B、C 节点中。

```
ipfs bootstrap add
/ip4/13.114.30.87/tcp/4001/ipfs/Qmc2AH2MkZtwa11LcpHGE8zW4noQrn6xue7V
    cZCMNYTpuP
```

7.5.5 启动并查看各个节点

配置好各自的节点信息后，分别启动各个节点，并通过 ipfs swarm peers 命令查看节点彼此的线上连通情况。A 节点成功绑定并连接上 B、C、D 节点，如图 7-5 所示。

```
tt-3:Downloads tt$ ipfs swarm peers
/ip4/13.114.30.87/tcp/4001/ipfs/Qmc2AH2MkZtwa11LcpHGE8zW4noQrn6xue7VcZCMNYTpuP
/ip4/13.230.162.124/tcp/4001/ipfs/QmRQH6TCCq1zpmjdPKg2m7BrbVvkJ4UwnNHWD6ANLqrdws
/ip4/13.231.247.2/tcp/4001/ipfs/QmTTEkgUpZJypqw2fXKagxFxxhvoNsqfs5YJ9ZHLBoEE29
tt-3:Downloads tt$
```

图 7-5 A 节点成功与其他节点相连

B 节点成功绑定并连接上 A、C、D 节点，如图 7-6 所示。

```
ubuntu@ip-172-31-26-222:~$ ipfs swarm peers
/ip4/13.114.30.87/tcp/4001/ipfs/Qmc2AH2MkZtwa11LcpHGE8zW4noQrn6xue7VcZCMNYTpuP
/ip4/13.231.247.2/tcp/4001/ipfs/QmTTEkgUpZJypqw2fXKagxFxxhvoNsqfs5YJ9ZHLBoEE29
/ip4/223.72.94.26/tcp/14081/ipfs/QmTrRNgt6M9syRq8ZqM4o92Fgh6avK8v862nZQZLyDPywY
ubuntu@ip-172-31-26-222:~$
```

图 7-6 B 节点成功与其他节点相连

C 节点成功绑定并连接上 A、B、D 节点，如图 7-7 所示。

```
Last login: Fri Mar 30 18:09:41 2018 from 223.72.94.26
ubuntu@ip-172-31-18-30:~$ ipfs swarm peers
/ip4/13.230.162.124/tcp/4001/ipfs/QmRQH6TCCq1zpmjdPKg2m7BrbVvkJ4UwnNHWD6ANLqrdws
/ip4/13.231.247.2/tcp/4001/ipfs/QmTTEkgUpZJypqw2fXKagxFxxhvoNsqfs5YJ9ZHLBoEE29
/ip4/223.72.94.26/tcp/13997/ipfs/QmTrRNgt6M9syRq8ZqM4o92Fgh6avK8v862nZQZLyDPywY
ubuntu@ip-172-31-18-30:~$
```

图 7-7 C 节点成功与其他节点相连

D 节点已成功绑定并连接上 A、B、C 节点，如图 7-8 所示。

```
ubuntu@ip-172-31-16-152:~$ ipfs swarm peers
/ip4/13.114.30.87/tcp/4001/ipfs/Qmc2AH2MkZtwa11LcpHGE8zW4noQrn6xue7VcZCMNYTpuP
/ip4/13.230.162.124/tcp/4001/ipfs/QmRQH6TCCq1zpmjdPKg2m7BrbVvkJ4UwnNHWD6ANLordws
/ip4/223.72.94.26/tcp/14083/ipfs/QmTrRNgt6M9syRq8ZqM4o92Fgh6avK8v862n2QZLyDPywr
ubuntu@ip-172-31-16-152:~$
```

图 7-8 D 节点成功与其他节点相连

我们发现 4 个节点相互连在了一起，这就是我们的私有 IPFS 网络。下面将在私有网络中做一些简单的测试，看看私有网络的性能到底如何。

在本地节点 A 上添加数据。

```
tt-3:Downloads tt$ ipfs add Brave-0.20.42.dmg
added QmbZ7NWHbP5edCF4BvSvfW97MdpZhcwZ3WJTp3Cd3od9Vg Brave-0.20.42.dmg
```

在其他几个节点处下载数据。

```
ubuntu@ip-172-31-26-222:~/ipfs$ ipfs get QmbZ7NWHbP5edCF4BvSvfW97Mdp
    ZhcwZ3WJTp3Cd3od9Vg
Saving file(s) to QmbZ7NWHbP5edCF4BvSvfW97MdpZhcwZ3WJTp3Cd3od9Vg
```

```
149.80 MB / 149.80 MB [========================================]
    100.00% 2m58
ubuntu@ip-172-31-18-30:~$ ipfs get QmbZ7NWHbP5edCF4BvSvfW97MdpZhcwZ3
    WJTp3Cd3od9Vg
Saving file(s) to QmbZ7NWHbP5edCF4BvSvfW97MdpZhcwZ3WJTp3Cd3od9Vg
149.80 MB / 149.80 MB [========================================]
    100.00% 2m58s
ubuntu@ip-172-31-16-152:~$ ipfs get QmbZ7NWHbP5edCF4BvSvfW97MdpZhcwZ
    3WJTp3Cd3od9Vg
Saving file(s) to QmbZ7NWHbP5edCF4BvSvfW97MdpZhcwZ3WJTp3Cd3od9Vg
149.80 MB / 149.80 MB [========================================]
    100.00% 2s
```

从上面的测试可以看出，我们首先在本地节点（位于中国的北京）上 add 了文件 QmbZ……。然后在亚马逊的服务器节点（位于日本东京区域）进行文件下载，150MB 的文件在 B、C 节点上下载使用了 2 分 58 秒，而在 D 节点上下载仅用了 2 秒。这是因为 B、C 节点设置了同时启动 ipfs get 来从 A 下载文件，而 D 节点等前面 B、C 节点下载完成后才启动 ipfs get 命令。D 节点通过从 A、B、C 节点分别异步传输进行下载，且 B、C 节点都在亚马逊机房，内网传输会使速度快上加快，所以 D 节点下载该文件瞬间完成。

通过本节的介绍可以看见，运用 IPFS 搭建的私有网络对于一些大型企业内部的数据分发和加速会是一个很好的应用点。

7.6　本章小结

本章我们学习了更多关于 IPFS 进阶开发的案例，也通过这些案例带着大家熟悉了更多 IPFS 命令的使用。我们可以基于 IPFS 发布动态内容，持久化保存数据，直接操作 Merkle DAG 对象，利用 Pubsub 实现消息订阅，以及搭建专属 IPFS 私有网络等。相信在阅读完本章内容后，你已经能体会到 IPFS 不仅是一个文件存储系统，它还自带很多强大的功能和应用特性。基于这些，我们可以充分发挥自己的想象，构建属于自己的上层应用。第 8 章将基于此，抛砖引玉，为大家开发两个实战应用。

Chapter 8 第8章

IPFS项目实战

掌握了IPFS的基本原理和使用方法之后，我们即将进入实战环节。我们将通过两个工程项目，分别为大家介绍如何基于go-ipfs优化Git分布式服务，以及如何利用js-ipfs搭建流媒体播放器。我们将集成更多前后端技术参与应用开发，并引导读者在实践案例中更加灵活地使用IPFS技术。

8.1 利用go-ipfs优化Git分布式服务

Git是目前世界上最流行的分布式版本控制系统，用于敏捷高效地处理任何项目。它与常用的版本控制工具CVS、Subversion等不同，它采用了分布式版本库的方式，在本地即可支持大部分的控制操作，凡是进行软件工程研发的工作人员应该都熟悉这个工具。在平常的开发工作中，我们除了要使用本地Git服务外，还经常需要同步数据至远程仓库，这样有利于备份工程文件和团队协作。

基于这种场景，我们会自己搭建并维护一台Git服务器作为私有远程仓库使用。当然，如果觉得自己搭建比较烦琐，为了便捷，也可使用类似Github、CitLab这类的第三方云平台来管理。

本项目期望将我们之前常维护在私有服务器或第三方云平台上的 Git 远程仓库下沉部署到端侧，并通过 IPFS 网络分发仓库镜像，快速、便捷地实现一个无服务器架构（Serverless）的 Git 集群。对于团队来说，成员的工作空间既可以作为本地仓库，也可以作为服务于其他成员的 Git Server，这也将充分扩大 Git 系统的分布式服务效果，避免第三方云平台带来的成本开销和数据安全隐患。

接下来，我们借助 go-ipfs 来搭建一个更加分布式化的版本控制服务模型，如图 8-1 所示。

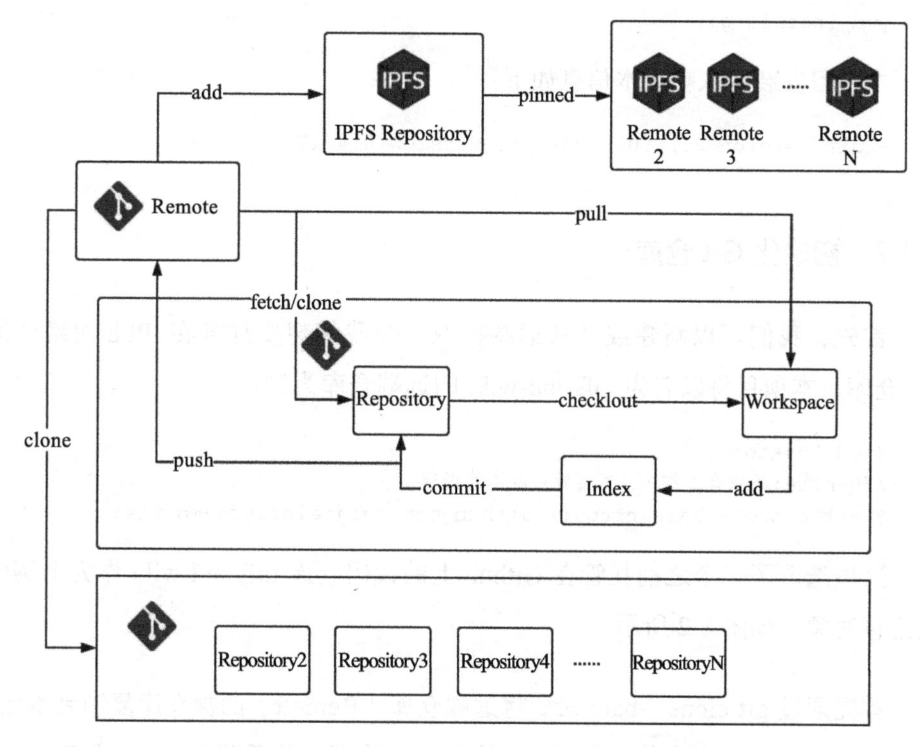

图 8-1 基于 IPFS 的 Git 分布式版本控制服务模型

8.1.1 依赖安装

在开始工程之前，我们需要先确保在本地已安装好了以下两个重要的工具：

Git 和 go-ipfs。go-ipfs 的具体安装过程可以参考第 6 章，这里不再详细描述，主要介绍一下 Git 的安装过程。

登录 Git 的官方网站 https://git-scm.com/downloads ，读者根据自身的操作系统选择对应版本，下载 Git 工具的安装包。

如果是 Mac OSX 系统的用户，也可以通过 brew 包管理工具进行安装。

```
brew install git
```

如果是 Centos 系统的用户，也可以通过 yum 包管理工具进行安装。

```
yum install git
```

本项目安装的依赖版本信息如下：

```
- git version 2.16.0 - go-ipfs version 0.4.17
```

8.1.2 初始化 Git 仓库

首先，我们可以新建或者从远端抓取一个我们想要挂载在 IPFS 网络中的 Git 仓库。本项目将以名为 ipfs-md-wiki 的远端仓库为例。

```
$ cd Desktop
//--bare:不包含工作区，直接就是版本的内容
$ git clone --bare https://github.com/daijiale/ipfs-md-wiki
```

这里选取了一个之前托管在 Github 上的代码仓库 ipfs-md-wiki 作为本例中的迁移对象，如图 8-2 所示。

首先通过 git clone --bare 命令将远端仓库（Remote）的裸仓库复制到本地，裸仓库是一个不包含当前工作目录的仓库，因为即将挂载到 IPFS 中的 Git 仓库将作为服务共享的角色，模拟 Git 服务器。

同时，对于一个 bare 型 Git 裸仓库，想要通过 HTTP 的方式以便其他人获取和复制，还需要配置一个特定的 PoSt-update hook，Git 附带的 PoSt-update hook 会默认运行命令 git update-server-info 来确保仓库能被复制和使用。

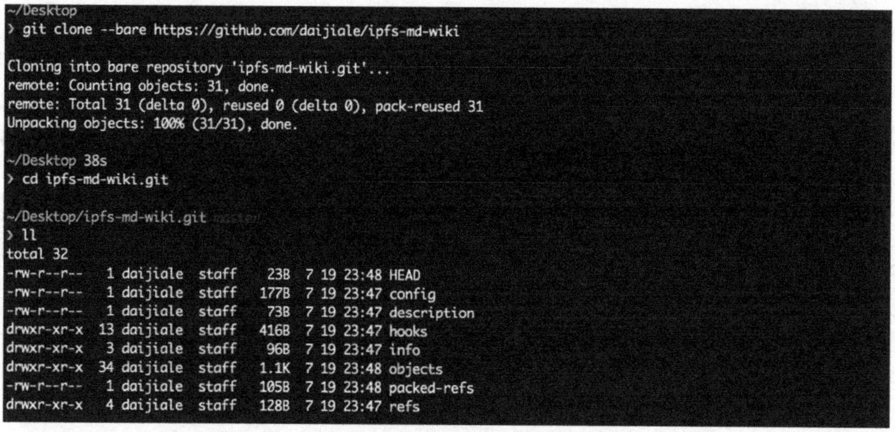

```
~/Desktop
> git clone --bare https://github.com/daijiale/ipfs-md-wiki

Cloning into bare repository 'ipfs-md-wiki.git'...
remote: Counting objects: 31, done.
remote: Total 31 (delta 0), reused 0 (delta 0), pack-reused 31
Unpacking objects: 100% (31/31), done.

~/Desktop 38s
> cd ipfs-md-wiki.git

~/Desktop/ipfs-md-wiki.git master
> ll
total 32
-rw-r--r--   1 daijiale  staff   23B  7 19 23:48 HEAD
-rw-r--r--   1 daijiale  staff  177B  7 19 23:47 config
-rw-r--r--   1 daijiale  staff   73B  7 19 23:47 description
drwxr-xr-x  13 daijiale  staff  416B  7 19 23:47 hooks
drwxr-xr-x   3 daijiale  staff   96B  7 19 23:47 info
drwxr-xr-x  34 daijiale  staff  1.1K  7 19 23:48 objects
-rw-r--r--   1 daijiale  staff  105B  7 19 23:48 packed-refs
drwxr-xr-x   4 daijiale  staff  128B  7 19 23:47 refs
```

图 8-2　仓库迁移对象实例

```
$ cd ipfs-md-wiki.git
$ git update-server-info
```

之后，我们打开 Git 仓库对象包，将大的 packfile 分解成所有的单独对象，以便 Git 仓库中存在多分支版本情况时，也能一一被 IPFS 网络识别并添加。

```
$ cp objects/pack/*.pack .
$ git unpack-objects < ./*.pack
$ rm ./*.pack
```

8.1.3　IPFS 网络挂载

本地仓库环境准备好了之后，剩下要做的就是把它添加到 IPFS 文件系统中，并发布至 IPFS 网络中更多在线节点上。

```
$ ipfs id
{
    "ID": "Qme...FZ",
    ...
```

```
}
$ ipfs daemon
$ ipfs add -r .
...
...
...
added QmS...ny ipfs-md-wiki.git
```

我们已经将 ipfs-md-wiki.git 添加到了本地 IPFS 文件仓库中，并获取其对应的 CID 信息："QmS...ny"。接下来，我们还需要做的就是将 CID 为"QmS...ny"的内容发布至 IPFS 网络中的更多节点上。具体有如下两种方式。

1. 通过新节点 pin add

我们按照之前的方式，再部署一个新的 IPFS 节点，并启动 daemon 进程，通过 ipfs pin add QmS..ny 命令挂载一份 Git Remote 仓库服务。

```
$ ipfs id
{
    "ID": "Qmd...JW",
    ...
}
$ ipfs daemon
$ ipfs pin add QmS..ny
```

当然，这种通过新节点 pin add 的方式往往需要我们自己维护，以保障新节点的稳定性。这样做和自己部署多个 Git Remote 至多台服务器的效果类似，并没有完全利用到 IPFS 网络的便捷性。那么，接下来，我们将介绍另一种方式，来提升优化优势。

2. 通过第三方网关挂载

通过第 6 章的学习我们知道，IPFS 内置了以 HTTP 形式对外提供接口服务的功能，而对于很多提供了网关服务的第三方 IPFS 节点（如：配置文件 Bootstrap 中的官方节点、Cloudflare 的全球 CDN 节点、Infura 的测试节点等），都会默认响应外部 HTTP 的请求而主动挂载数据。我们可以打开浏览器，通过 HTTP Get 请求一些主流的第三方网关服务。

```
https://cloudflare-ipfs.com/ipfs/QmS..ny

https://ipfs.io/ipfs/QmS..ny

https://ipfs.infura.io/ipfs/QmS..ny
```

效果类似第三方节点主动发起 ipfs get 以及 ipfs pin add 操作。

最后，当我们将 Git Remote CID 信息发布至多个 IPFS 网络节点后，我们可以通过 ipfs dht findprovs 命令根据 CID 信息来反向查询节点信息，从而验证 Git Remote 目前的分布式部署情况。

```
$ ipfs daemon
$ ipfs dht findprovs QmS...ny
Qme...FZ //本地节点id
Qmd...JW //pin节点id
QmS...hm //第三方网关节点id
```

8.1.4　用 Git 从 IPFS 网络克隆仓库

现在，我们用 Git 工具，对刚才添加进 IPFS 网络中的 Git Remote 仓库进行克隆操作。

```
$ git clone https://cloudflare-ipfs.com/ipfs/QmS...ny ipfs-md-wiki-repo
```

我们将抓取到本地的仓库重命名为 ipfs-md-wiki-repo，以便和远端仓库 ipfs-md-wiki 做区分。比较图 8-3 和图 8-4，我们查看一下 ipfs-md-wiki-repo 的仓库结构，和原先托管于 Github 的原远端仓库对比，数据一致性得到了很好的保障，工程文件也均同步过来了。

至此，我们利用 go-ipfs 优化了 Git 分布式服务模型。如果未来大部分 Git 的仓库工程文件都广泛地部署于 IPFS 网络之中，那将会诞生很多有意思的场景。例如：当我们在编写代码程序时候，导入的依赖库经常使用的是 Git 源码库，而且源码库经常会因其他人的提交而改变，从而影响我们本地的开发环境编译。如下面的例子：

```
import (
    "github.com/daijiale/ipfs-md-wiki"
)
import (
    mylib "gateway.ipfs.io/ipfs/QmS...ny"
)
```

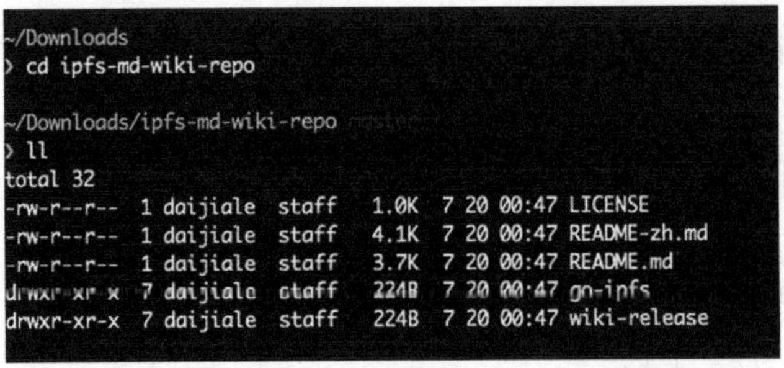

```
~/Downloads
› cd ipfs-md-wiki-repo

~/Downloads/ipfs-md-wiki-repo master
› ll
total 32
-rw-r--r--  1 daijiale  staff   1.0K  7 20 00:47 LICENSE
-rw-r--r--  1 daijiale  staff   4.1K  7 20 00:47 README-zh.md
-rw-r--r--  1 daijiale  staff   3.7K  7 20 00:47 README.md
drwxr-xr-x  7 daijiale  staff   224B  7 20 00:47 go-ipfs
drwxr-xr-x  7 daijiale  staff   224B  7 20 00:47 wiki-release
```

图 8-3 ipfs-md-wiki-repo 本地仓库结构

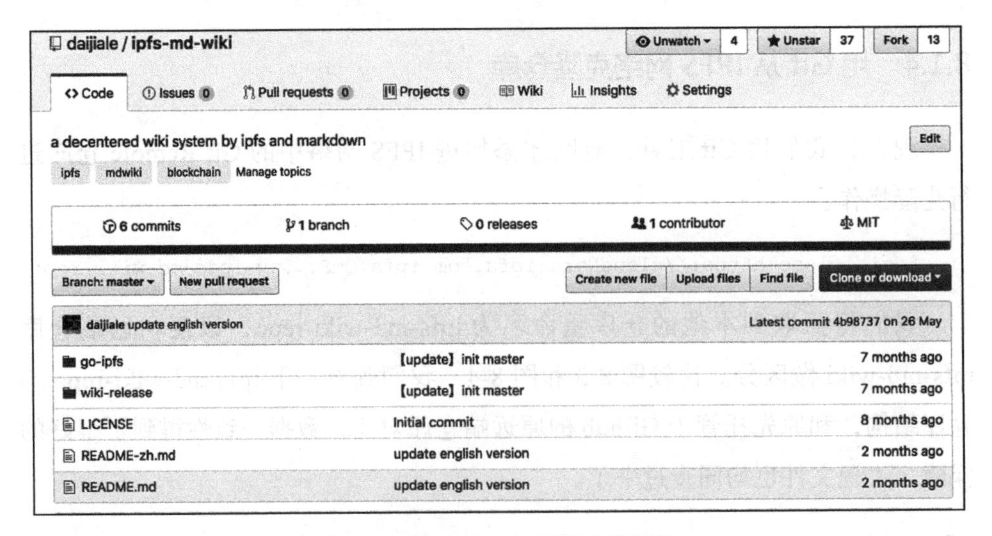

图 8-4 ipfs-md-wiki 远端仓库结构

这是一个 Go 语言的程序块，执行的是导入依赖包的命令，通过本项目所搭建的 Git 分布式服务模型，用 IPFS 的 CID 指纹唯一标识了每个版本的 Git 源码库，可以避免一些变更风险。需要更新版本时，也可根据 CID 来自由切换、指定导入。

8.2 基于 js-ipfs 搭建一个流媒体播放系统

在上一节中，我们尝试利用 go-ipfs 优化现有的 Git 仓库模型。本节我们将解析官方实例，介绍如何基于 js-ipfs（星际文件系统的另一个协议实现库）来搭建一个轻量级的流媒体视频 Web 应用。如今，已经是短视频和直播应用的天下，我们将在这一节探索一下如何利用 IPFS 技术服务流媒体数据。

8.2.1 构建 Node.js 开发环境

在进行本项目开发之前，我们需要先准备一下基础开发环境，大部分依赖在于前端，我们为此需要先行安装 Node.js 开发环境。

Node.js 是一个事件驱动 I/O 的服务端 JavaScript 环境，基于 Google 的 V8 引擎，执行 JavaScript 的速度非常快，性能非常好。它发布于 2009 年 5 月，由 Ryan Dahl 开发，其并不是一个 JavaScript 框架，不同于 CakePHP、Django、Rails；更不是浏览器端的库，不能与 jQuery、ExtJS 相提并论。Node.js 是一个让 JavaScript 运行在服务端的开发平台，它让 JavaScript 成为像 PHP、Python、Perl、Ruby 等服务端脚本语言一样，用来开发服务端应用程序。

Node.js 的下载安装十分简单、快速，灵活，如图 8-5 所示。我们可以在 Node.js 的官网下载适合自己操作系统的安装包：https://nodejs.org/zh-cn/download/。

安装完成后，我们可以在终端中键入 npm -v 和 node -v 来验证环境是否部署成功。如下所示。本项目采用的是 6.4.1 版本的 npm 包管理工具和 11.0.0 的 Node.js 环境。

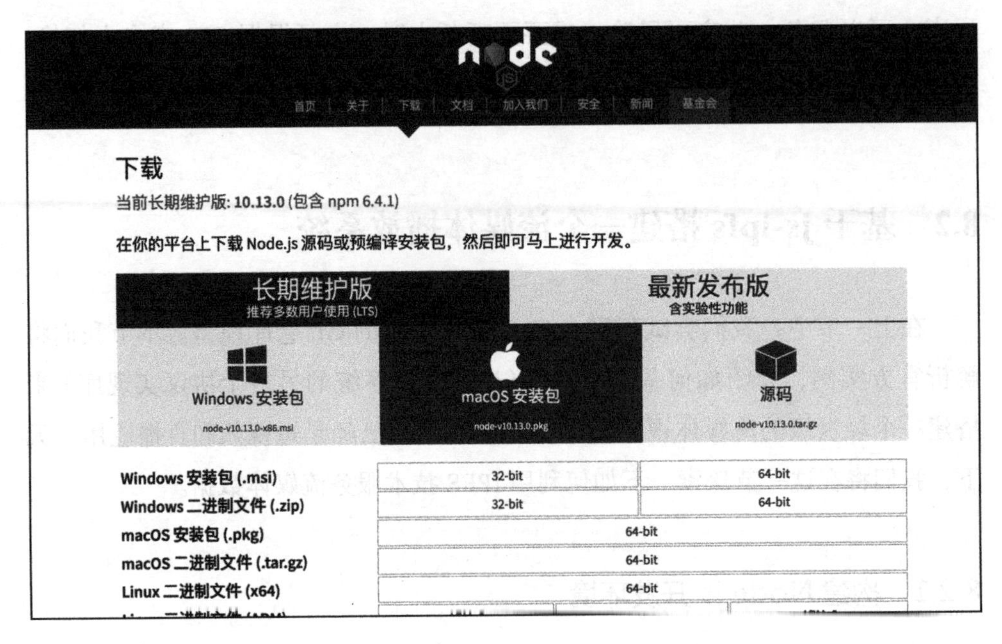

图 8-5 Node.js 下载

```
$ npm -v
6.4.1
$ node -v
v11.0.0
```

之后，新建项目文件夹 video-stream-ipfs，并在文件夹根目录下通过 npm init 命令创建项目描述文件 package.json。

```
{
    "name": "ipfs-video-stream",
    "version": "1.0.0",
    "description": "",
    "main": "index.js",
    "scripts": {
        "test": "echo \"Error: no test specified\" && exit 1"
    },
    "author": "",
    "license": "ISC",
}
```

本例项目目录结构如下所示：

```
- video-stream-ipfs
    - index.js //main文件
    - package.json //npm项目描述文件
```

8.2.2 使用 Webpack 构建项目

什么是 Webpack？ Webpack 可以看作模块打包机，它做的事情是分析你的项目结构，找到 JavaScript 模块及其他的一些浏览器不能直接运行的拓展语言（如 Scss、TypeScript 等），并将其转换和打包为合适的格式供浏览器使用。如图 8-6 所示，Webpack 的工作方式是：把你的项目当作一个整体，通过一个给定的主文件（如：index.js），Webpack 将从这个文件开始找到你的项目的所有依赖文件，使用 loaders 处理它们，最后打包为一个（或多个）浏览器可识别的 JavaScript 文件。

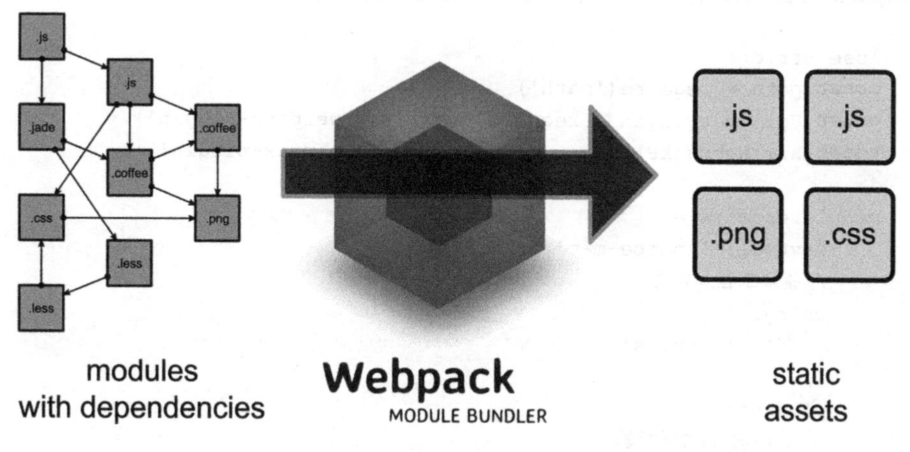

图 8-6 Webpack 的工作方式

1. Webpack 配置工程

在开始之前，请确保安装了 Node.js 的长期支持版本（Long Term Support，LTS）。若使用旧版本，可能将遇到因缺少 Webpack 相关 Package 包而出现的问题。在本例中，我们考虑到用 CLI 这种方式来运行本地的 Webpack 不是特别方便，我们将在package.json中添加Webpack的devDependencies和npm script来安装和启动Webpack，同时也指定项目运行脚本命令、构建命令，以及分配测试环境网络端口。

```
"scripts": {
        "build": "webpack",
        "start": "npm run build && http-server dist -a 127.0.0.1 -p 8888"
    },

"devDependencies": {
        "webpack": "^3.11.0"
    },
```

Webpack会假定项目的入口起点为src/index，然后在dist/main.js输出结果，并且在生产环境开启压缩和优化，开箱即用，可以无须使用任何配置文件。我们可以在项目根目录下创建一个webpack.config.js文件来深度定制配置，Webpack会自动使用它。本项目的webpack.config.js配置如下：

```
'use strict'
const path = require('path')
const UglifyJsPlugin = require('uglifyjs-webpack-plugin')
const HtmlWebpackPlugin = require('html-webpack-plugin')

module.exports = {
    devtool: 'source-map',
    //指定工程入口文件
    entry: [
        './index.js'
    ],
    plugins: [
        //构建JS解析器
        new UglifyJsPlugin({
            sourceMap: true,
            uglifyOptions: {
                mangle: false,
                compress: true
            }
        }),
        //设置Html构建信息
        new HtmlWebpackPlugin({
            title: 'IPFS Video Stream Demo',
```

```
            template: 'index.html'
        })
    ],
    //指定输出bundle名称和路径
    output: {
        path: path.join(__dirname, 'dist'),
        filename: 'bundle.js'
    }
}
```

调整完成的工程目录结构如下所示：

```
video-stream-ipfs
 - index.html //HTML页面入口
 - index.js //module入口文件
 - package.json //描述文件
 - readme.md //工程使用说明
 - utils.js //工具类封装
 - webpack.config.js //Webpack配置文件
```

8.2.3　开发播放器模块

本小节将开始动手开发基于浏览器的播放器模块，播放器模块主要由视频源输入框、播放响应按钮、视频播放窗口三部分组成。首先，我们在入口文件 index.html 中编写播放器模块的前端元素和样式代码。

```
/* 定义块元素容器，并设置全局样式 */

<head>
<style type="text/css">
body {
    margin: 0;
    padding: 0;
}

#container {
    display: flex;
    height: 100vh;
}

#form-wrapper {
```

```
    padding: 20px;
}

form {
    padding-bottom: 10px;
    display: flex;
}

#hash {
    display: inline-block;
    margin: 0 10px 10px 0;
    font-size: 16px;
    flex-grow: 2;
    padding: 5px;
}

button {
    display: inline-block;
    font-size: 16px;
    height: 32px;
}

video {
    max-width: 50vw;
}
</style>
</head>
<body>

<!-- 在组件中引入HTML DOM事件对象ondrop，在拖拽流媒体文件动作完成后响应特定事件 -->
<div id="container" ondrop="dropHandler(event)">
    <div id="form-wrapper">
        <form>
            <!-- 设置流媒体文件CID hash的显示框，将在完成添加后被异步更新 -->
            <input type="text" id="hash" placeholder="Hash" disabled />
            <!-- 设置从js-ipfs中播放流媒体内容的启动按钮-->
            <button id="gobutton" disabled>Go!</button>
        </form>
        <!-- 在组件中引入video控件，定义播放器-->
        <video id="video" controls></video>
    </div>
</div>
</body>
```

至此，我们已经编写了好了 id 值为 container、支持拖拽上传媒体文件的块元素容器，并在块元素容器中引入了 id 值为 gobutton 的播放响应按钮、承载 CID 信息输入的 <input> 元素及承载视频媒体的 <video> 元素，并设置了对应的 CSS 样式。

切换至工程根目录，在终端中键入 npm install 安装依赖包，键入 npm start 命令，启动项目预览。

```
$ cd video-stream-ipfs
$ npm install
$ npm start
```

在浏览器中打开 http://localhost:8888，如图 8-7 所示。一个简易的播放器模块效果已经显示在浏览器网页中。

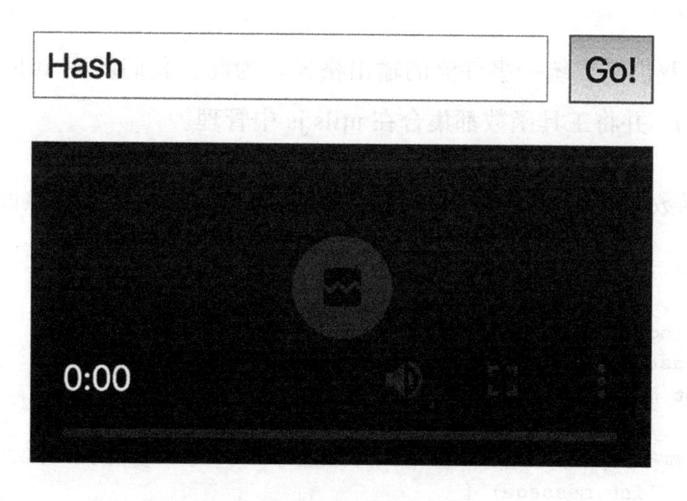

图 8-7　简易流媒体播放器

8.2.4　开发状态栏模块

完成播放器页面模块的编写之后，需要再编写一个状态栏页面模块，通过统一事件流输出，并渲染至页面 <pre> 文本元素中，来实时观察显示 IPFS 网络的连接状态及流媒体的播放状态。我们将在 index.html 中添加如下代码：

```
<head>
<style type="text/css">
pre {
    flex-grow: 2;
    padding: 10px;
    height: calc(100vh - 45px);
    overflow: auto;
}

</style>
</head>
<body>
        <div id="container" ondrop="dropHandler(event)" ondragover="
            dragOverHandler(event)">
                ...
                <!-- 设置pre标签元素定义预格式化文本，方便显示状态数据-->
            <pre id="output" style="display: inline-block"></pre>
        </div>
</body>
```

同时，我们需要统一事件流的输出格式。为此，我们新建 utils.js 文件和箭头函数 log()，并将工具函数都集合在 utils.js 中管理。

log() 函数的职能是将所传入的消息数据统一换行显示在 pre 页面元素之下。

```
//utils.js

const log = (line) => {
    const output = document.getElementById('output')
    let message

    //如果log()中传入的是err对象，则需要将err message对象转换格式
    if (line.message) {
        message = `Error: ${line.message.toString()}`
    } else {
        message = line
    }

    //如果log()中传入的是自定义message信息，设置换行输出，并在尾部DOM上追加log
      message
    if (message) {
        const node = document.createTextNode(`${message}\r\n`)
        output.appendChild(node)
```

```
            output.scrollTop = output.offsetHeight
            return node
        }
    }
```

至此，状态栏页面模块也已经准备完成，待主逻辑事件开发完成后，就能看到图 8-8 所示的状态栏效果，即可以实时显示 IPFS 网络的连接状态及流媒体的播放状态。

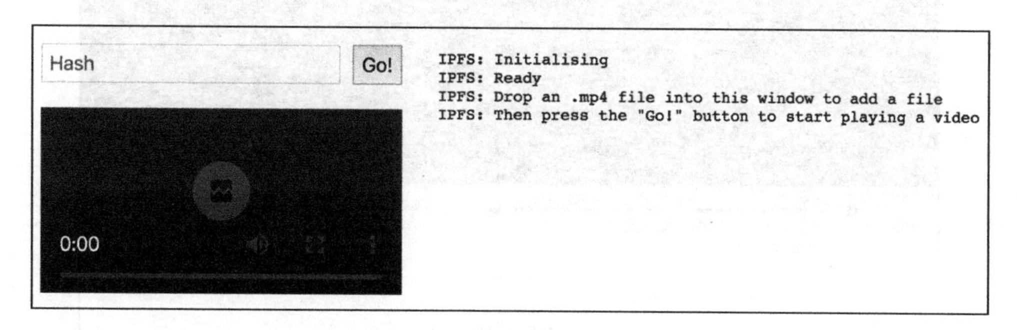

图 8-8　状态栏页面模块

8.2.5　引入 js-ipfs 模块

js-ipfs 于 2018 年年中发布，这是一个完全用 JavaScript 编写、可以运行在 Node.js 和 Web 浏览器之上的完整实现，是除了 Go 语言实现版本之外，蕴含 IPFS 所有特性和功能最为完整的原生库，如图 8-9 所示。它为开发者在浏览器及 Web 应用中集成 IPFS 协议、启动、运行、操作 IPFS 节点提供了强有力的支持。这也是本项目的重点模块，我们将使用 js-ipfs 来读写和存取流媒体数据，并在 Web 浏览器中播放。

我们可以通过 npm 包管理工具来快速安装 js-ipfs。

```
$ cd video-stream-ipfs
$ npm install ipfs --save
```

本例中集成的是 0.33.1 版本，其他版本可以在 https://github.com/ipfs/js-ipfs 中获取到。

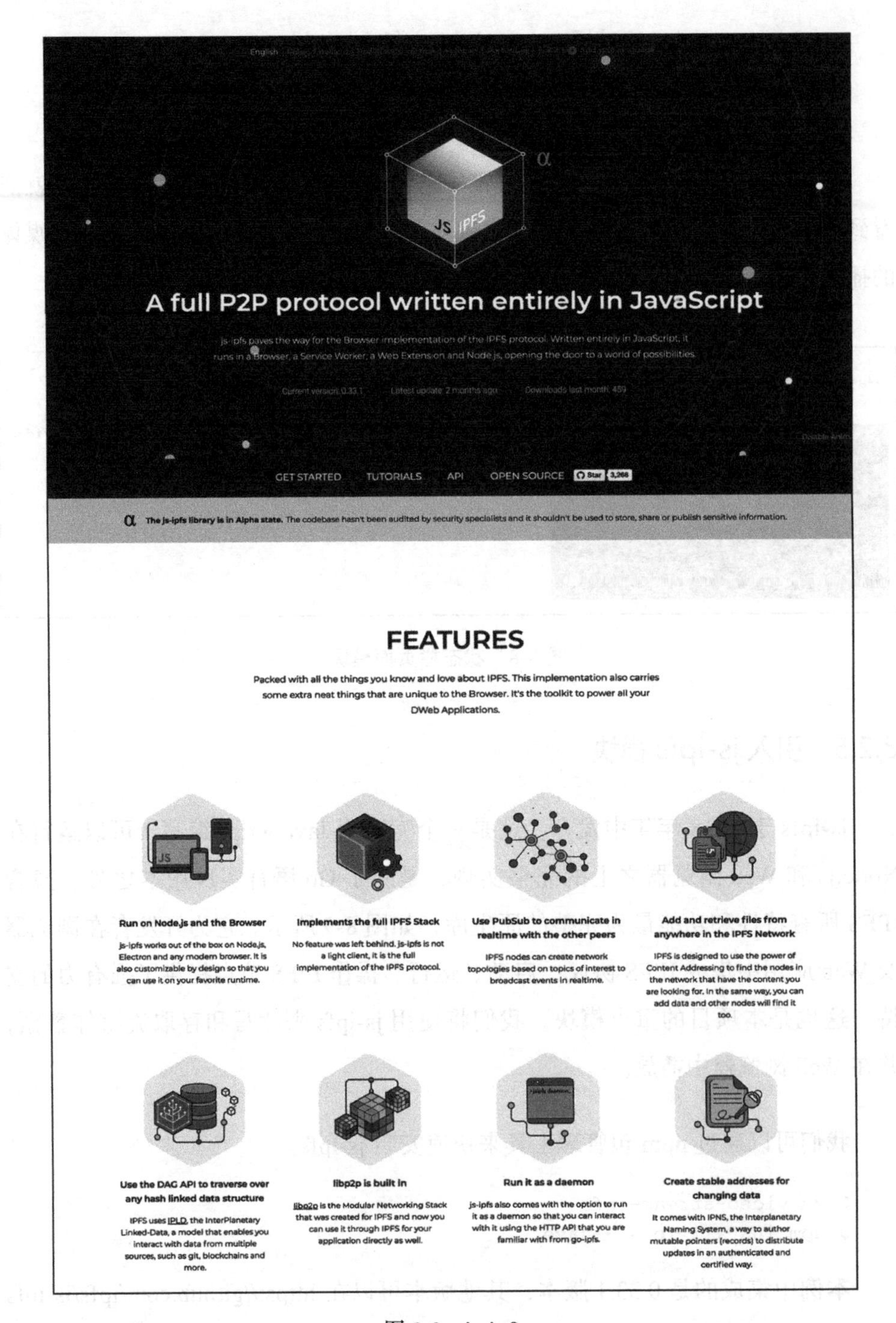
A full P2P protocol written entirely in JavaScript
GET STARTED
TUTORIALS
API
OPEN SOURCE
The js-ipfs library is in Alpha state. The codebase hasn't been audited by security specialists and it shouldn't be used to store, share or publish sensitive information.
FEATURES
Packed with all the things you know and love about IPFS. This implementation also carries some extra neat things that are unique to the Browser. It's the toolkit to power all your DWeb Applications.
Run on Node.js and the Browser
js-ipfs works out of the box on Node.js, Electron and any modern browser. It is also customizable by design so that you can use it on your favorite runtime.
Implements the full IPFS Stack
No feature was left behind. js-ipfs is not a light client, it is the full implementation of the IPFS protocol.
Use PubSub to communicate in realtime with the other peers
IPFS nodes can create network topologies based on topics of interest to broadcast events in realtime.
Add and retrieve files from anywhere in the IPFS Network
IPFS is designed to use the power of Content Addressing to find the nodes in the network that have the content you are looking for. In the same way, you can add data and other nodes will find it too.
Use the DAG API to traverse over any hash linked data structure
IPFS uses IPLD, the InterPlanetary Linked-Data, a model that enables you interact with data from multiple sources, such as git, blockchains and more.
libp2p is built in
libp2p is the Modular Networking Stack that was created for IPFS and now you can use it through IPFS for your application directly as well.
Run it as a daemon
js-ipfs also comes with the option to run it as a daemon so that you can interact with it using the HTTP API that you are familiar with from go-ipfs.
Create stable addresses for changing data
It comes with IPNS, the Interplanetary Naming System, a way to author mutable pointers (records) to distribute updates in an authenticated and certified way.

图 8-9 js-ipfs

```
//package.json
{
    "dependencies": {
        "ipfs": "^0.33.1"
    }
}
```

8.2.6 实现拖拽上传

在utils.js中定义箭头函数drapDrop()，职能是处理拖放文件至浏览器之中的响应事件，并将文件添加至IPFS中。

```
//utils.js

const dragDrop = (ipfs) => {
    const container = document.querySelector('#container')

    container.ondragover = (event) => {
        event.preventDefault()
    }

    //页面组件中引入的HTML DOM事件ondrop()具体实现
    container.ondrop = (event) => {
        event.preventDefault()

        //设置被拖放对象为数组
        Array.prototype.slice.call(event.dataTransfer.items)
            //过滤文件类型
            .filter(item => item.kind === 'file')
            .map(item => item.getAsFile())
            .forEach(file => {
                const progress = log(`IPFS: Adding ${file.name} 0%`)
                //创建window文件读取器
                const reader = new window.FileReader()
                reader.onload = (event) => {
                //通过ipfs.add()以buffer形式添加流媒体数据至ipfs-unixfs-
                  engine中
                  ipfs.add({
                      path: file.name,
                      content: ipfs.types.Buffer.from(event.target.
                          result)
                  }, {
```

```
                    progress: (addedBytes) => {
                    //在状态栏中动态输出添加进IPFS的百分比进度
                        progress.textContent = `IPFS: Adding ${file.
                            name} ${parseInt((addedBytes / file.
                            size) * 100)}%\r\n`
                    }
                }, (error, added) => {
                    if (error) {
                        return log(error)
                    }
                    //获取流媒体在IPFS中生成的CID Hash数据
                    const hash = added[0].hash
                    //在状态栏中输出流
                    log(`IPFS: Added ${hash}`)
                    //更新页面组件中的CID内容框数据
                    document.querySelector('#hash').value = hash
                })
            }
            //将流媒体文件持续以buffer的形式读入window文件读取器
            reader.readAsArrayBuffer(file)
        })

        //清除拖放内容缓存
        if (event.dataTransfer.items && event.dataTransfer.items.clear) {
            event.dataTransfer.items.clear()
        }

        if (event.dataTransfer.clearData) {
            event.dataTransfer.clearData()
        }
    }
}
```

8.2.7 从IPFS中读取流媒体至播放器

在index.js中定义全局业务流程，职能是初始化IPFS服务，初始化拖放方法，并设置从IPFS中读取流媒体至浏览器播放器的按钮事件。

```
//index.js

//导入IPFS依赖包
```

```
const Ipfs = require('ipfs')
//导入videostream依赖包
const videoStream = require('videostream')

//新建IPFS实例对象
const ipfs = new Ipfs({ repo: 'ipfs-' + Math.random() })

//导入utils.js工具方法
const {
    dragDrop,
    statusMessages,
    createVideoElement,
    log
} = require('./utils')

log('IPFS: Initialising')

//启动IPFS服务
ipfs.on('ready', () => {
    //初始化<video>监听器
    const videoElement = createVideoElement()
    const hashInput = document.getElementById('hash')
    const goButton = document.getElementById('gobutton')
    let stream

    goButton.onclick = function (event) {
        event.preventDefault()

        log(`IPFS: Playing ${hashInput.value.trim()}`)

        //设置视频流，并附加进<video>
        videoStream({
            createReadStream: function createReadStream (opts) {
                const start = opts.start
                const end = opts.end ? start + opts.end + 1 : undefined
                log(`Stream: Asked for data starting at byte ${start}
                    and ending at byte ${end}`)
                if (stream && stream.destroy) {
                    stream.destroy()
                }
                //在流媒体传输过程之中，使用ipfs.catReadableStream()将内
                  容转化成流数据来读取
                stream = ipfs.catReadableStream(hashInput.value.trim(), {
                    offset: start,
```

```
                    length: end && end - start
                })
                stream.on('error', (error) => log(error))
                if (start === 0) {
                    // 等待提示语
                    statusMessages(stream, log)
                }
                return stream
            }
        }, videoElement)
    }

    //初始化拖放方法
    dragDrop(ipfs, log)

    log('IPFS: Ready')
    log('IPFS: Drop an .mp4 file into this window to add a file')
    log('IPFS: Then press the "Go!" button to start playing a video')

    hashInput.disabled = false
    goButton.disabled = false
})
```

8.2.8 处理流媒体播放状态

在 utils.js 中定义箭头函数 createVideoElement()，职能是在页面 <video> 元素内设置针对不同播放器状态（如播放、暂停、等待、加载、结束等）事件的监听响应，并将所有状态进行输出显示在状态栏之中。当获取到流媒体数据时，设置 video DOM 开始播放，当产生错误时，捕获并输出。

```
//utils.js

const createVideoElement = () => {
    const videoElement = document.getElementById('video')
    videoElement.addEventListener('loadedmetadata', () => {
        videoElement.play()
            .catch(log)
    })

    const events = [
        'playing',
        'waiting',
```

```
        'seeking',
        'seeked',
        'ended',
        'loadedmetadata',
        'loadeddata',
        'canplay',
        'canplaythrough',
        'durationchange',
        'play',
        'pause',
        'suspend',
        'emptied',
        'stalled',
        'error',
        'abort'
    ]
    events.forEach(event => {
        videoElement.addEventListener(event, () => {
            log(`Video: ${event}`)
        })
    })

    videoElement.addEventListener('error', () => {
        log(videoElement.error)
    })

    return videoElement
}
```

8.2.9 开发总结

至此，基于js-ipfs的流媒体播放系统的核心模块已经搭建完成。我们可以试着切换至工程根目录，重新运行项目。

```
$ cd video-stream-ipfs
$ npm install
$ npm start
```

在浏览器中打开http://localhost:8888，播放器效果如图8-10所示。我们可以通过浏览器窗口拖拽上传流媒体文件（例如：test.mp4）至IPFS，获取其对应的CID信息，显示在播放器中，并通过CID信息从IPFS中读取流数据至浏览器中，实时控制播放状态和流数据状态。

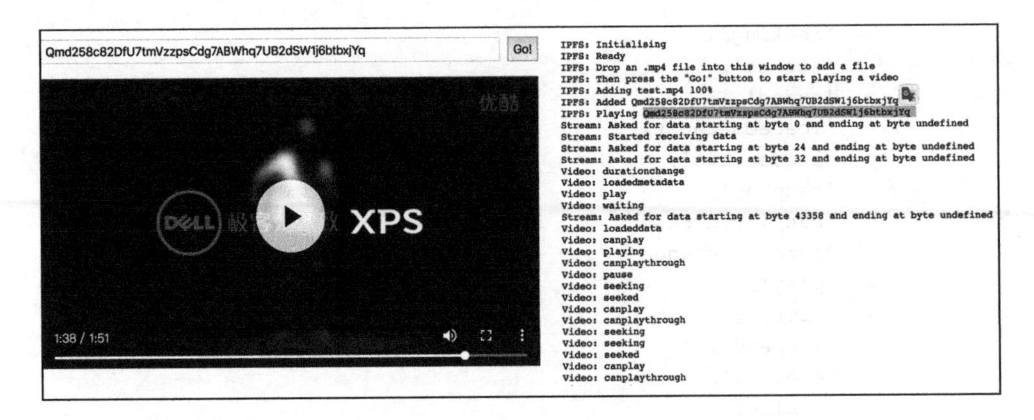

图8-10　基于js-ipfs的流媒体播放器效果演示

希望通过对这个项目的讲解，让大家了解js-ipfs在前端项目中的使用方式，尤其注意如何使用videoStream和ReadableStream将视频数据从IPFS中动态写入和读出。如果大家需要下载源码举一反三，可以在官方实例中获取，网址如下：

https://github.com/ipfs/js-ipfs/tree/master/examples/browser-readablestream

8.3　本章小结

IPFS协议最早是由Go语言完整实现的，go-ipfs也是目前为止迭代最频繁、使用最多的原生库，在第6章和第7章中我们对其做了大量的介绍。本章，我们在第2个实战项目中，特意补充了js-ipfs原生库的知识，这是一个完全由JavaScript编写、可以运行在Node.js和Web浏览器之上的完整实现，于2018年年中发布。它是除了Go语言实现版本之外，蕴含IPFS特性和功能最为完整的原生库。在这一章里，我们分别基于go-ipfs和js-ipfs两个不同的IPFS原生库，设计了两个不同类型的实战项目，一个是利用go-ipfs对既有系统进行优化，另一个是利用js-ipfs独立开发流媒体Web应用。希望读者通过对本章内容的学习，可以亲自上手使用IPFS相关技术进行编程开发，在项目实践中加深对IPFS知识的功能和用法的理解。

推荐阅读

BLOCKCHAIN IN ACTION
区块链开发实战
Hyperledger Fabric关键技术与案例分析

深度探索区块链
Hyperledger技术与应用

区块链
核心技术与应用

Solidity编程
构建以太坊和区块链智能合约的初学者指南

BLOCKCHAIN IN ACTION
区块链开发实战
以太坊关键技术与案例分析

DIVE INTO EOS
深入理解EOS
原理解析与开发实战

BLOCKCHAIN TECHNOLOGY
ON DAG
DAG区块链技术
原理与实践

区块链财税管理
与Corda开发指南

区块链
安全技术指南

推荐阅读

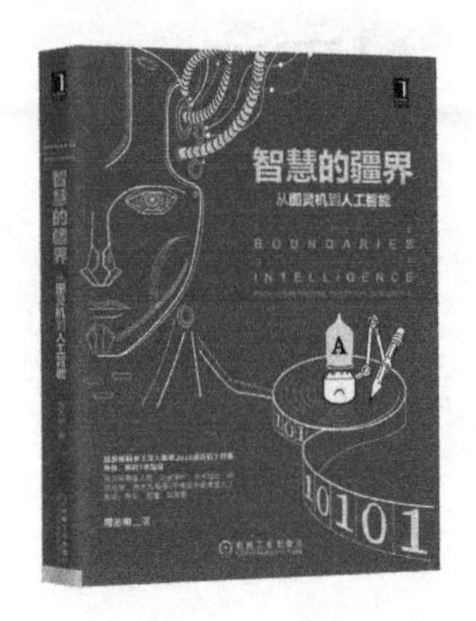

技术领导力

作者是海康威视高级技术专家，海康威视是上市公司，市值曾超过4000亿，是AI和安防领域的龙头企业。

作者有超过10年的技术团队管理经验。

本书从技术管理工作内涵、技术团队管理、产品开发过程管理、技术调研/预研、软件系统架构5个维度阐述技术管理者需要具备的能力。

本书为程序员晋升为管理者提供了能力模型和进化路线图，同时为日常的管理工作提供了指导。

智慧的疆界

每一位程序员都应该了解人工智能，学习人工智能这本书是公认的首选。

这是一部对人工智能充满敬畏之心的匠心之作，《深入理解Java虚拟机》作者耗时一年完成，它将带你从奠基人物、历史事件、学术理论、研究成果、技术应用等5个维度全面读懂人工智能。

本书以时间为主线，用专业的知识、通俗的语言、巧妙的内容组织方式，详细讲解了人工智能这个学科的全貌、能解决什么问题、面临怎样的困难、尝试过哪些努力、取得过多少成绩、未来将向何方发展，尽可能消除人工智能的神秘感，把阳春白雪的人工智能从科学的殿堂推向公众面前。

永恒的图灵

图灵诞辰百年至今，伟大思想的光芒恒久闪耀。本书云集20位不同方向的顶尖科学家，共同探讨图灵计算思想的滥觞，特别是其对未来的重要影响。这些内容不仅涵盖我们熟知的计算机科学和人工智能领域，还涉及理论生物学等并非广为人知的图灵研究领域，最终形成各具学术锋芒的15章。如果你想追上甚至超越这位谜一般的天才，欢迎阅读本书，重温历史，开启未来。